桑野和民／著
沈永嘉／譯

# 茶料理治百病

「喝茶」與「吃茶」的超級威力

香味俱佳的日本茶料理

［豆腐粥］
將豆腐切成米粒大小，當做粥。
●江戶前料理　鍋家

# 超級一流
# 廚師所做的
# 「茶食」料理

堅守江戶前風味的
執著富有溫情。

牛蒡串 ]
味噌澆在稍炸一會兒
牛蒡上，茶葉不要和
味噌中，改用灑的。
❶

嚴石豆腐 ]
雞肉、豆腐作成的丸
上京都特製的「煎茶
」，及香味俱佳的蔬
煮在一起。
❷

江戶前料理
鍋家
店主　福田浩

「用容器裝好放在餐桌上，愛加多少就加多少。把它與麵拌和也很好吃。」

和式甜點演出優雅品茗味
❺
❹
❸
[ 南瓜包 ]
用茶葉皮包南瓜餡。 ❸
[ 芝麻餡『球』]
懷昔日風味的「芝麻餡」皮和入綠茶、展現了甘甜味。 ❹
●大倉山匠家『花花亭』
[ 米花糖 ]
大家熟悉的米花糖味加上茶的芳香。 ❺
●(股)山英

赤坂『璃宮』

**主廚周富德**

「不管對身體健康多好，不好吃還是沒有用。基於這一點，茶與任何東西都適合。不阻礙其他菜味。」

6

烹調高手周富德使
中國四千年歷史復甦。

[ 茶葉沙拉醬草蝦 ]
沙拉醬與炒得香噴噴的草蝦配合得恰到好處。

[ 茶葉海鮮細粉爐 ]
特別調味的辣味茶葉釀出獨特風味。

[ 茶葉馬鈴薯湯 ]
烤熟馬鈴薯加上香味俱佳的湯汁。

綜合法國與日本飲食文化
創造出精緻美

**[ 薄片雞肉茶葉、綠蘆筍 ]**
**顯現檸檬、大蒜及茶的風味。** ❾

**[ 烤茶葉鮎並堡配綠茶醬 ]**
**荷蘭芹、綠茶醬翠綠鮮豔。** ❿

**資生堂茶館**
**主廚傑克寶利**

「茶葉混合大蒜等其他調味料更好吃。與白魚肉、雞肉、洋肉都很適合」。

雖是初次嚐試的作法，卻有一種令人懷念
的西點與茶的極度協調的感覺。

[ 茶捲 ]
香腸中和茶葉捲成易吃的大小。
⑪

[ 茶葉片 ]
在磨成葉子形的餅干上灑茶葉。
⑫
●（股）千堀

[ 摘茶 ]
切細的綠茶配柑橘系列的酒香
成為芬芳的奶油西點。

[ 綠茶園 ]
點心料中和入篩細的綠茶與杏
粉風味十足的餅干。

[Th′e vert aux Flaveur ]
把栗子與綠茶泡沫、巧克力海
綿蛋糕以裝茶葉的鋁鉑包起來
。

●「 城堡 」餐廳

§§§§§§§§§§§§§§§§§§§§§§§§

# 序——了不起的茶葉超級威力

我們每天漫不經心地飲茶，而「喝茶」自古即成為飲食文化之一，並可說是能安慰人心。且在不知不覺中茶葉更維護人們的健康。而今茶葉又重新受人矚目。

我最喜歡喝茶，後來基於科學根據開始建議「將茶當作菜肴每天直接吃！」最初大部份的人都震驚「什麼！茶可以吃嗎？」而今拜媒體報導之賜，有人開始主張「吃茶對健康有益」。

然亦有人質疑「苦不苦？」或「口中是否感覺苦澀？」另有人說「泡在稀飯裡當茶飯吃好了……」，因此我認為欲提出「吃茶」有益的共識，仍須一番奮鬥。

所以我才寫了這本書。為反映各位需求以獲得預防心臟病、腦中風等成人病之茶的超級威力，而該如何將其百分之百地吸於

§§§§§§§§§§§§§§§§§§§§§§§§

§§§§§§§§§§§§§§§§§§§§§§§

體內呢？但不論其威力如何，良藥苦口卻是不爭的事實，故無法讓許多人繼續吃。因任何人都希望吃得美味又舒適。

請看彩色插圖。這是由身為江户料理研究家，寫過無數本食譜的「鍋家」料理店老闆福田浩先生所做之日本料理；與多次榮獲法國國家最優秀料理人士獎的，「資生堂茶館」廚師傑克寶利主廚；衆所公認是頂尖中國料理廚師，赤坂「璃宮」周富德師傅的廣東菜，另外還有日本餅、西洋餅，你覺得如何？可都是了不起的成就。

他們都是一流行家，以茶創造出藝術傑作。如果沒有茶的美味，這些烹調高手不可能做茶料理。可見茶能賦予料理美味、適恰的力量。

讀者如果想要過得更健康，三餐更能吃得津津有味，茶將能助您一臂之力。但不可輕言「吃了茶便完美」、「要健康就吃茶」等話。假如不知道茶基本上的超級威力就任意使用，其效果將會

§§§§§§§§§§§§§§§§§§§§§§§

§§§§§§§§§§§§§§§§§§§§§§§§§

減半。

基於此觀點，本書在開頭先介紹想過健康生活的必要事項。務必認知基本事項。

接著解說茶的力量；喝茶及吃茶。我以摘錄方式為許多研究者所確認的喝茶功效及我所研究吃茶的效果。

才進入本書主題茶的料理。所謂料理式吃茶，或許有人心想茶應放置何處？以及該怎麼放？有關這點你可完全信任我。我曾就動物進行實驗，研究對茶的生理作用，分析茶、製造茶，也做料理及糖果、餅干。於NHK電視的「845情報」做過二十道左右的茶料理，在東京電視公司的「醫食同源」曾表演炸牡蠣的情形。勸各位吃茶的我，不但吃妻子為我做的茶料理，自己也多方設想如何做茶、每日吃茶。

從這些料理及糖果、餅干中，選擇六十道家庭可做的，並收錄其製作法。這許多構想只要稍加應用，便可輕鬆做出二〇〇、

§§§§§§§§§§§§§§§§§§§§§§§§§

§§§§§§§§§§§§§§§§§§§§§§§§

三〇〇道。由料理行家來做，將搖身一變成為飯店、餐廳的高級茶料理。若在家中做則成為一般老百姓的茶料理。而在小學、中學亦可應用茶料理。——可見茶料理的範圍之廣。

勸諸位從今天起，每天添加一、二道茶料理，把茶的超級威力都吃進去。

著者

一九九三年三月

§§§§§§§§§§§§§§§§§§§§§§§§

# 目錄

**中式料理的特色是不必花太多時間很快就能做好，且營養豐富，**

# 第一章　對飲食生活有何求

## ——至少應知道創造「健康的ABC」

談論茶的超級威力前，應稍微了解基本健康法。

我們對飲食生活有何求呢?可能包括維持生命的糧食、滿足空腹感、享受進餐之樂及增進健康等。我雖對健康有所求，但假使選法、吃法錯誤，生命糧食會反而成為縮短壽命的有害物。所以，我們應過著有智慧的飲食生活，使食品成為人生的良友，避免將食物視為惡物。因為任何食品都非惡物，是我們吃得不對才會成為惡物。

## 1 保持、增進健康的必要事項

茶具有出色能力，為了不起的食品。但只吃茶還不算完美。基本上要以飲食生活為中心，並使全體生活調和。唯有飲食生活正常，茶的能力才會活性化。請看插圖。圖乃厚生省(衛生署)所言，保持、增進健康的三大支柱「營養、運動、休閒」，再加上我的想法改變而來。

- 營養：取得飲食生活的平衡最重要。
- 運動：一日要走一萬步。把運動納入生活的一部份。

・休閒：身、心二方面都不要過度疲勞。

這就是厚生省的三大支柱。再加上對遺傳因素的認識，並將廣義的環境條件納入考慮中。

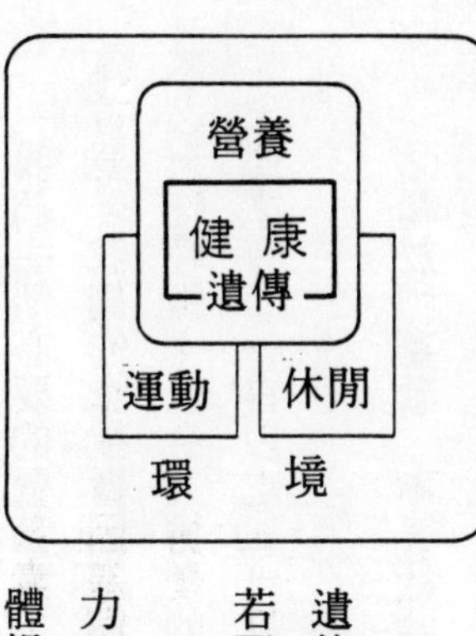


遺傳方面，若有高血壓遺傳血統、心臟病遺傳血統、糖尿病遺傳血統或父親得過痛風、母親得過……。有沒有這樣的情形？若了解這一點，就不能建構更具體的飲食生活。

環境則不只是物理面環境而已，還要包括人際關係等整個壓力。故偶爾紓發身、心的壓力也很重要。此外，不要忘了做頭腦體操。

## 2 什麼是取得均衡的飲食生活

健康的三大支柱中，最重要的還是營養。因為不吃東西便無法做任何事。

我們常聽說「應過均衡飲食生活」這句話，這所指的究竟是何種飲食生活。也許有人知道「一日以吃三十種食品為目標」的標語。而厚生省所呼籲的「創造健康所需之飲食生活指針」中一節，也以取得均衡飲食生活，避免令食品變惡物為標語。關於均衡飲食下面分三部份進行說明。

**①關於營養供應的均衡**

我們生活必要的營養素，以碳水化合物、脂肪、蛋白質、礦物質及維他命等五大營養素為首要。我們的食欲會因塞滿肚子而感到滿足。故吃了麵包薯條，再喝飲料，便有滿腹感，不必再吃晚飯。但令人擔憂的，如果礦物質及維他命不足，甚至出現缺乏症，也不會有感覺。因此才有「一日以吃三十種食品為目標」的話，只要付諸實行，就可攝取必要的營養素。

**②關於「喜歡、不喜歡」、「好吃、不好吃」的均衡**

如果只考慮攝取多少營養素才能均衡，實在不算用餐。因為又不是像餵食動物，這樣無法滿足食欲。對於食品我們是因好吃才吃。故依個人嗜好而「喜歡、不喜歡」也有極大的影響。有些喜歡口味濃的或淡的，或肉、魚、蛋、蔬菜……。將自己喜歡的東西塞滿肚子。但假如從營養貧瘠的食品群中選擇，即使足足吃了三十種食品也不可能有好營養。

所以，這有賴於掌廚者如何一顯身手。故即使不喜歡的食品也要多下功夫，烹調味美是全體飲食生活所必要的。

這裡介紹一個好例子。一九九二年二月於獨賣新聞投書欄刊載的岩手縣主婦的經驗。據說這位婦人討厭荷蘭芹的獨特味道，以前從未吃過。某日，他在一舊友家吃過荷蘭芹與胡蘿蔔的糖醋牛蒡後，竟完全喜歡上它。

而文中最後提到「看你怎麼調理，想怎麼變、就怎麼變。我雖不善料理，但時序入春，我想做沙拉，現在正在惡補中」，這封投書正代表我的心聲。

反之，何必僅限於荷蘭芹。啊，何出此言？那是因吃荷蘭芹以外的蔬菜也行。就算有一、二種討厭的食品也不必勉強吃它。但如果是「討厭一切的蔬菜」就不好了。它會使健康長生的希望落空。如果，不敢吃的東西只有一、二種，就多吃其他種類的食品。

接著說明「好吃、不好吃」的問題，這並非是單靠喜好與否便可決定。最近，生鮮食品已不受季節限制，但真正季節食品還是應時比較好。雖然實際上有差異，但在食品成份表上大多視為同樣營養成份來處理，故不論你吃的是那一種在數字上不會顯現營養成份差異的食品，可是美味上的差異則極顯著。同時，進食氣氛等心理因素也佔很大份量，亦即只要品質良好便好吃。

可見我們須透過調理工夫取得「喜歡、不喜歡」的均衡，再與荷包商量以獲得「好吃、不好吃」之均衡。

**③關於預防成人病的均衡**

在開發中國家（日本不久前也是開發中國家之列），人們一天三餐常是隨意而食，是不容許考慮喜歡、不喜歡，好吃、不好吃。於是只有獲取必要營養成份，亦即①關於營養供應的均衡就可以了。以前的營養學就是如此。食品是「有豐富蛋白質」、「營養價值高」、「更多動物性食品」的營養學。

如今經濟發達，表面上日本是世界數一、數二經濟大國，故可著眼於先前②關於「喜歡、不喜歡」、「好吃、不好吃」的均衡上。遺憾的是「我喜歡的東西，愛吃多少就吃多少」的人不少。這是以②為中心來考慮飲食生活的一群假老饕。自從人人認為只求飽暖時代已過去了，便出現了許多弊病。由於東西可隨處買到，又因嘴饞而大量吸收能量（卡路里）、脂防、蛋白質，忽略主食與副食。如此一來①關於營養供應的均衡便瓦解，雖然能量充足但維他命、礦物質卻不夠。食物纖維亦不足。因而造成了許多成人病。這是因為——

僅靠①不行，單靠②亦不行。而如今已是提倡均衡飲食生活，以預防成人病的時代。但為預防成人病攝取均衡飲食談何容易。數據資料顯示，事實上，四十歲以下的日本人，十人中即有一人得糖尿病，實在是個可怕的時代。

為預防成人病而攝取均衡飲食，把「不同種類食品，像魚貝類、肉、芋、穀類、海帶……等食物吃得適量（營養均衡）」這點極重要。也許有人說「雖然我不偏食，想不到……」雖如此說，但調查其飲食生活，必定有某個地方失去均衡。結果還是偏向吃「喜好」的食品。只吃自己喜好的食品怎麼足夠呢？即使吃健康食品或機能性食品（正式說是特定保健用食品）亦不能就此放心。一旦聽說海帶好就專吃海帶，聽說納豆好便專吃納豆。這樣單靠一種食品是根本無法滿足營養均衡的。故千萬不可會錯意，認為我已吃茶所以沒關係。

話雖如此，茶還是預防成人病，取得均衡所需最有力的助手。

## 專欄①　貴的茶好吃嗎？(1)

我在東京神田的茶店買了每100公克200元日幣的粗茶，400元、800元、1,500元的綠茶及3,000元日幣的玉露（高級綠茶），我即使用這五種茶，開始為消費者說明這問題。而這是一九八一年的事。

我開始分析其化學成份，包括有沒有澀味的丹寧酸、苦味的咖啡因、甜味的胺基酸及茶胺酸等六項。

分析結果，價格高些的茶傾向甜味的胺基酸及苦味的咖啡因較多，而便宜的茶，澀味的丹寧酸則有較多之趨勢。而說得更專業，則代表甜味成份的水溶性氮與價格有密切的關係。

此與價格最有關係的水溶性氮的份量，亦可看出與胺基酸、咖啡因有密切關係。故我們知道站在化學分析觀點觀察茶的品質，不論是與價格或與各成份有密切關係的水溶性氮，就是決定性指標。

YES
貴的茶含有很多味道有關的化學成份。

## 專欄②　貴的茶好吃嗎？(2)

我剛已提過茶的化學分析，應知茶愈貴甜味成份愈高，也提到水溶性氮乃決定品質的指標。我已聲明這是以在東京神田茶店所買的五種茶，作為試驗材料，而購入茶之價格則是由茶店決定，一點也沒錯。

但你是否嚇一跳？茶店的老闆從不曾用試管做化學分析，但其價格卻很準確與決定茶味之化學成份成正比。我很佩服他們長年經驗所累積的視覺、嗅覺及味覺感受，實在了不起。

有一次我參加品茗會審查員的官能審查，聽到品評會的審查員說「這茶像極東京某某茶店摻和的」、「大約混入5%的老茶」、「火香過強掩蓋了原料的優點」，在在令人折服。

YES

茶店老闆的味覺，比分析機械更厲害。

## 專欄③　品牌茶好喝嗎？

經常於百貨公司、超級市場或電視廣告上可見的品牌茶又如何？故此，我曾為解開消費者的第二項質疑品牌茶好喝嗎？進行過實驗。品質指標與價格最具密切關係是水溶性氮。試驗材料是採用東京及東京近郊購買的46種茶。

座標上以茶的價格為橫軸，以水溶性氮為縱軸，進行分析後，記錄46種數據資料，結果與剛才一樣，貴的茶多含甜味成份，這再度確認茶的價格最能反映品質。

至於本主題品牌茶又如何？如果畫一條最能反映一切的直線（稱為回歸直線），大部份品牌茶皆位於此直線的下側。這意味雖價格高些，但和茶有關係的化學成份卻不多。故與其買100公克1,000元日幣的品牌茶，不如從茶店買800元甜味更多的茶。但日本人難抗逆名牌，重視電視廣告，甚至重視品質，對茶也一樣。

NO
在住宅附近值得信賴的茶店買茶才划得來。

# 第二章　「喝茶、吃茶」那一個划得來

## ——要整個吞食的「茶」的超級威力

# 1 單只是喝而已，是沒辦法攝取茶的營養成份

## ①茶碗中的成份與茶葉成份

我們來泡茶看看。將茶放入茶壺中，盛入熱水，等一會兒再將茶水注入茶杯。試想，茶杯中都是水，九九・六％是水，任何成份所佔的比例都極少，不值得一提。像我一天喝十杯以上的茶，攝取其中的營養成份。尤其維他命C，只要喝一公升茶，就能攝取八十％的需要量。

但除非特別喜歡茶，否則每天喝一公升以上的茶談何容易。而存在於茶杯中的成份只有茶葉的兩成左右。其他則朝流理台一隅隨手一丟！放入茶壺的茶葉，及欲放入而掉落的茶葉。甚至用熱水泡開的茶葉，還有許多成份沒有溶於水中。而我們不肯輕易吃茶渣，在各種料理中也未曾使用。所以，我才奉勸各位直接吃茶。

## ②茶是超級的綠黃色蔬菜

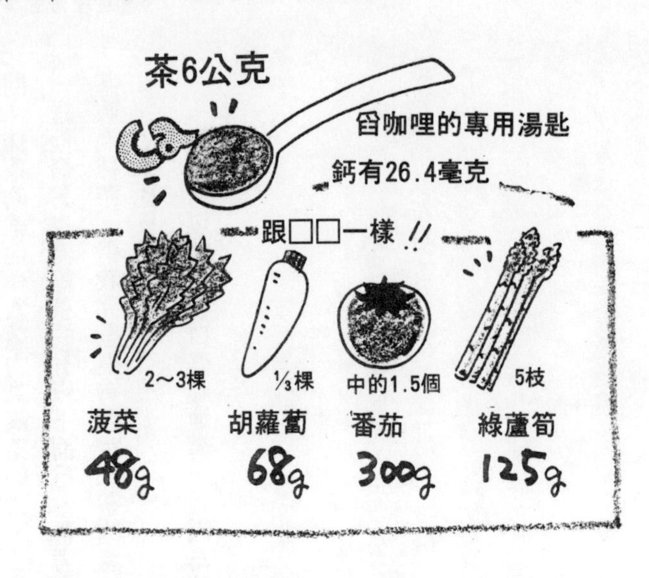


現在與各種食品比較，看吃茶時可攝取多少維他命與礦物質。在此，則以綠茶價格作比較。至於何以選擇綠茶，容後於選擇茶葉方法中再說明，到時各位即可了解。另外，茶葉量為六公克。其科學根據亦於後再說明，而這是美味高級綠茶的份量。可參照上表。

由此你可了解，茶是超級綠黃色蔬菜。但你了解嗎？在這些營養成份中，像胡蘿蔔素及維他命E，在喝茶後也完全沒有辦法攝取。食物纖維也一樣，而其他成份也如上述根本無法攝取，因為喝的茶中全是水。根據此觀察，還是吃茶比較划得來。

至於抹茶還要加以說明。因為抹茶於某意義上是吃茶的原始存在。在演講時亦常受到質問。抹茶的維他命A效力為綠茶的二・二倍，可說相當多。可是維他命C則為綠茶的¼以下，維他命E也為綠茶的½以下而已。再考慮到其高價格，應用範圍有限，若每天吃，實在綠茶勝過抹茶。但我完全沒有否定抹茶的意味，也並非叫你不要喝，我自己本身非常喜歡喝茶，一天就喝十杯。

我之所以如此苦口婆心地講，是因為茶是日本人精神糧食的文化產物。

**●六公克茶葉中包含的營養成分，改以其他蔬菜的話……**

| 蔬菜類<br>營養成分 | 菠菜 | 胡蘿蔔 | 番茄 | 綠蘆筍 | 備　註 |
|---|---|---|---|---|---|
| Ca<br>鈣<br>〔6公克茶中〕<br>26.4毫克 | （g）<br>48 | （g）<br>68 | （g）<br>300 | （g）<br>125 | 對骨骼、肌肉、神經等很重要。 |
| Mg<br>鎂<br>〔茶6公克中〕<br>16.3毫克 | 32 | 182 | 203 | 204 | 對司掌體內代謝的氧而言是不可缺。 |
| Fe<br>鐵<br>〔茶6公克中〕<br>1.2毫克 | 33 | 150 | 400 | 50 | 對貧血的人而言是最重要。 |
| 維他命C<br>〔茶6公克中〕<br>15.0毫克 | 23 | 75 | 75 | 125 | 強化細胞結合不怕壓力。 |
| 維他命A<br>〔茶6公克中〕<br>432IU | 25 | 11 | 196 | 227 | 保持視覺機能及皮膚、粘膜正常。 |
| 維他命E<br>〔茶6公克中〕<br>3.9毫克 | 156 | 1000 | 488 | 278 | 對預防癌症、老化的效果最大。 |
| 食物纖維<br>〔茶6公克中〕<br>1.8公克 | 52 | 75 | 256 | 106 | 有助清潔消化管道，完全擊退成人病 |

## 2 喝茶的味道與效用

終於要提及茶的效用。為此先確認茶味與茶成份的關係，首先是喝茶的場合。如果有人問茶味如何？該怎麼回答？許多人可能會回答有點苦澀，不過入口後感覺甘甜。而在茶的成份中，含最多的是澀味丹寧酸。又茶的丹寧酸是由六種兒茶酸形成。苦味是以咖啡因為主，茶獨特味道則是由茶胺酸造成，另外，像糖形成甘甜味。

下面則說明這些成份的幾種生理作用。

**①丹寧酸〈稱為兒茶酸的超級威力〉**

所謂兒茶酸，當飲用稍濃的茶時，每杯可直接攝取〇・一公克左右，或直接吃六公克茶時，則可攝取〇・七公克左右。以下簡單說明至今由多位專家於數本學術雜誌上發表過的效果。說明前，先歸納列舉的項目。

a.抑制遺傳基因突變

b.抑制癌症
c.抗酸化（預防老化）
d.抗過敏症
e.抗濾過性病毒
f.改善血中脂質（膽固醇、中性脂肪等之正常化）
g.抑制血液凝固（預防腦血栓、心肌梗塞等）
h.抑制血壓上昇
i.改善腎機能不全症
j.預防口臭
k.預防蛀牙
l.抗韋耳煦氏桿菌
m.藍色乳桿菌增殖
n.解毒
o.預防飲食性脂肪肝

p.預防酒精性脂肪肝
q.預防膽固醇膽石
r.抑制抗血糖上昇（預防糖尿病）

大致上是如此。各位有何感想，實在令人吃驚。比起我於一九八九年時，初次上NHK教育電臺「今日的健康」節目時，效果的項目不知增加幾倍。其中a～e是有關全身的效果，f～i是心臟、血管等有關循環器官的效果，j～r則是有關消化器官的效果。如果全部說明則數量過於龐大。故只摘錄幾種加以評論。其中p與q是我們第一次發現。

## 抑制癌症

首先談論抑制癌症。當時在靜岡縣島田保健所工作的平出先生，根據一九六三至六七年的疫學調查，發表喝茶有降低胃癌死亡率的效果。之後約十五年，靜岡縣立大學短期大學的小國先生他們進行曾調查並製作靜岡癌症圖。結果再次確認，喝綠茶量多的地區，引起癌症死亡率較其他地區低。所以，只要全國國民喝茶，便可減少癌症。

為了證實以上結果，許多專家利用動物進行實驗，了解兒茶酸有抑制腫瘍增殖，抑制化學物質之十二指腸潰瘍，抑制自然併發乳癌，抑制大腸癌及其他食道、胃、肝臟、胰臟與肺等，幾乎對所有癌症都有預防效果。另外，也證實了能抑制癌症的擴散。

## 預防老化

假如形成細胞膜的脂質，遭活性氧攻擊時，其分子將會氧化而形成過氧化脂質。而由於形成膜的脂質被氧化，當然不再具有膜的功用，細胞便慢慢降低活性、老化，最後終於死亡。

兒茶酸類可防止導致細胞老化的脂質氧化作用。這點經由試驗管內實驗及動物實驗已確實。我也證實兒茶酸有預防血液過氧化脂質生成的效果。

## 抗過濾性病毒

根據學術報告顯示，茶葉在非洲及東南亞等開發中國家，對於嬰幼兒一大死亡原因的過濾性病毒感染有防止效果外，還能阻止惡性感冒的感染。故外出回家後要洗手、用茶漱口。尤其遇到流行感冒季節不妨試試。

另外，後天性免疫不全症候群，若改說「ＡＩＤＳ」可能大家比較知道。據說日本出現十幾歲女性也遭受感染，亦有母子一起遭受感染。我們應認真考慮如何防止其增加。而兒茶酸類對ＡＩＤＳ濾過性病毒亦有效果。

愛知縣癌症中心，濾過病毒部主任小野先生已確認這點。故現在只要不斷喝茶就不會……。但由於這仍只是酵素階段所做的實驗結果而已，實際效果還不明確。但唯有遠離危險才是聰明的作法。此效果若能發揮於人的身上，那撲滅ＡＩＤＳ則指日可待。

## 改善腎機能不全症

兒茶酸類的新發現效果是能改善腎機能不全症。此作用是由富山醫科藥科大學與太陽化學綜合研究所的共同研究所發現。且已為六十名病人進行臨床試驗，並獲得效果。

## 預防口臭與治癒齲齒

可能有不少人常吃「路得」口香糖。某段時期在電視上連日播放這樣的廣告「快去親自嚐一嚐……」、「快去買吧……」。雖然並不清楚有關口香糖的實際添加量，但據路得集團研究報告得知，只要添加百分之〇・〇一的茶葉就有效果。

對齲齒亦有效果，太陽化學綜合研究所曾做詳細檢討並發表。只要比普通茶淡些的濃度就有相當的效果。可見餐後品茗之樂，可使口腔清新並能預防齲齒。最近幾家糖果製造商，如由太陽化學出售的糖果、巧克力及口香糖等太陽牌產品，更添加以兒茶酸類為主要成份的粉末。

各位有何感想。上述是與我們健康有關的事項，另外，兒茶酸類也可用於防止食品變質及醫院的除臭、腋下等之噴劑及衛生紙等。包括生理效果方面，今後亦可能有新發現。可見茶之兒茶酸類實具有超級威力。

**②咖啡因（消除睡意，可保持二四小時體力）**

咖啡因含於茶類（綠茶、烏龍茶、紅茶等）、可樂、咖啡、可可、巧克力等嗜好品中。也做為醫藥品添加於感冒藥口服劑中。關於咖啡因的藥效與副作用等。日本藥局解說書之醫藥品專門書中有詳細解說。現在與前述一樣列項說明。

a.強心作用（加強心臟的強心劑）。

b.覺醒作用（消除睡意、增強記憶力、判斷力之中樞興奮劑）。
c.利尿作用（顯示利尿效果、促進鹽份排泄）。
d.消除疼痛作用（緩和頭痛）。
e.提高運動、工作能力。
f.促進脂肪利用（節食效果）。

## 消除睡意提昇記憶力、判斷力

能對大腦皮質起作用，使人感覺敏銳化，令精神機能昇華，並刺激大腦皮質內的運動中樞及延髓的呼吸中樞，以消除睡意。很多人由於經驗而知道咖啡因有此覺醒功能。不過關於這點則有個人差異，有些人只要在睡前喝少許茶或咖啡就會睡不著，但這對有些人則完全不發生作用。若因吃茶睡不著覺實在是很痲煩，而有此經驗的人則要注意夜間吃茶的時間。

也許有人聽到是中樞興奮劑，而擔心對血壓會有影響。的確欲使中樞興奮須刺激使血壓上昇的血管運動中樞，但同時，也向全身的末梢血管直接起作用而使其擴張，在此雙管齊下，結果血壓是不會起變化的。

另外，大腦皮質的興奮，也會增強記憶力與判斷力。如讓實驗鼠喝茶，就會縮短通過迷宮的時間，使運動活潑。這就是茶的咖啡因效果。也有助於預防老年癡呆。

## 奪得金牌歸！也有像服用興奮劑於比賽增強筋力之效果

咖啡因也有對肌肉起作用，增強工作能力，減少疲勞的作用。所以，在運動界成為比賽中興奮劑使用的審查對象。而咖啡因量，每一毫升尿中超過〇•〇一二毫克以上就被判出局，但據說普通濃度的茶或咖啡等，一次喝十杯左右才會達到上限。不過我們發現，即使沒被判定服用興奮劑，若茶泡濃些的量（〇•一公克）就可充份發揮效果。

## 節食

筑波大學鈴木教授由使用實驗鼠或人進行的實驗，確認脂肪可優先利用為能量。例如，做有氧體操前攝取咖啡因能提高效果。

另外，京都府立醫科大學吉田先生，以實驗證實，攝取咖啡因，可提升改變能量為體熱發散出去的褐色脂肪細胞之活性。據說八十％的日本人藉由咖啡因使褐色脂肪細胞活潑化。

像這樣適度攝取咖啡因，就有節食效果。

## 當醫藥品時的副作用

一般認為咖啡因的致死量，成人是三～十公克左右。這之間有三倍左右的差距，不過因不敢以人體做實驗來確認！但不論如何，咖啡因要致死需相當的量。以茶為例，我們須一口氣吃下二〇〇～三〇〇公克的茶葉，否則沒辦法攝取先前所說的量，而實際上則不可能如此。又就算真吃下如此的量，其中也有其他成份，不可能立即被吸收。

據說攝取一公克以上的咖啡因就會發生副作用。在前述的日本藥局解說書中記載，即使是藥用量（三〇〇毫克）特別是心臟病患者，曾投訴會出現心跳加快、頭暈目眩、囈語等現象。應注意不論任何東西，是化學物質或是天然物質，會因人而異，也會因健康狀況有不同身體反應。但若為純粹藥劑就另當別論，以含茶在內，飲料要一口氣攝取一公克以上的咖啡因談何容易。而直接吃六公克茶時，也頂多為藥用量的一半程度。

另外，日本藥局解說書又記載，連續使用過量會使胃液酸度上昇，對胃潰瘍患者有不良影響。也因此，向來有胃不好不要喝咖啡或濃茶的說法。

此外，對懷孕及胎兒也要注意。FDA（美國食品醫藥品局）認為咖啡因導致畸形性作用的可能性不大。至於致癌性問題也已發表衆多否定性實驗資料，故目前已不成問題。而平常喝嗜好的飲料或直接吃茶也不會有不良影響。

以上是針對藥理、生理作用及副作用等加以說明，如果因擔心副作用而不攝取咖啡因，等於是因噎廢食，實在太可惜了。我們應積極利用其效果。你能全天候工作嗎？在社會大衆常飲用的口服液也都有添加五〇毫克咖啡因。也就是說像茶的咖啡因，是欲過有活力生活最輕便的活力劑。

像前所述，對咖啡因的感受性依人的不同，差異很大，喝茶晚上睡不著或胃腸脆弱的人，應避免突然喝多量茶及吃茶，以慢慢習慣為要。另外，健康的人吃茶時，亦避免空腹時吃。這是因為如此會給胃多餘負擔有噁心感。而喝過濃咖啡及苦茶也一樣，不要直接將茶放入空胃中。於效果考量上還是與餐食一起吃為要。

**③茶胺酸（不只有獨特味道，且有驚人效果）**

茶胺酸是顯示茶獨特味道之胺基酸，與以海帶味出名的膠胺酸是親戚。而茶胺酸不僅為茶添加特別味道，且有難能可貴的作用。較先前咖啡因有平穩化作用。

而於實驗鼠腹腔內注射致死量的咖啡因，據說平均十六分鐘便痙攣致死。但實驗結果發現，先給予茶胺酸再注射同樣的咖啡因，有些實驗鼠不但沒死，亦沒發生痙攣。如前述咖啡因是發揮強烈生理作用，而茶的情形是給予柔性作用。

**④石鹼精？（含量很少，不曉得能找到幾個的未知物質、未知效果）**

另外，和其他生理效果成份有關的有石鹼精，至於它與茶味有多大關係，仍不太清楚。但也存在於喝的茶中，故下面進行介紹。

石鹼精是幾乎被研究的未知成份，但有的報告說它有幾種生理作用，如抗炎症作用、強心作用等。

說不定今後研究，關於石鹼精會有新看法，亦會發現新的物質。

但至今發現的效能，都是用由茶所提取之兒茶酸的實驗結果所得知的。茶真是了不起。

## 專欄④　味道因產地而異嗎？

一般認為我們在選擇茶葉時，產地也是判斷材料的一大考慮因素。但所謂的產地，與栽培茶樹的茶園所在並非一致。例如，某某產的某某茶多指完成、加工地區，甚至只代表賣茶地點，所以，我不認為茶所標榜就是產地，只是地區品牌而已。

我進行了一項實驗以顯明地區品牌茶的特徵，作為消費者選擇茶時另一指標。我為了以化學成份顯示各地區品牌茶的特徵，選擇零售商所重視其品質的每100公克1,500圓日幣的茶葉，多方面比較檢討甜味的胺基酸，苦味的咖啡因及澀味丹寧酸的分析結果。

由結果得知地區品牌茶的味道，靜岡茶較平均，宇治茶較淡，狹山茶濃且苦澀等特徵。

YES

茶也與調味一樣分關東、關西二種風味。

## 專欄⑤　有沒有所謂的關東宇治茶？

前面我已說明地區品牌茶的特徵，像〇〇茶的〇〇，非茶園所在地，而是完工地區、銷售地點。先解說這一點，例如，以靜岡縣為茶原料葉之生產量佔全國約50％，但完工茶為60％。相差的10％是使用其他縣產的茶葉。而京都府的茶葉生產佔全國約2.6％為7位，埼玉縣約1.8％為第10位。可是宇治茶與狹山茶之商品流通量卻為其數倍以上。在某意義上這等於是欺騙消費者，而事實上是完工地為某處，加工地為另一處，茶葉生產地又為另一處。應表明三重產的宇治茶，鹿兒島產的狹山茶。話回到東京加工的宇治茶。

因為關西淡味的宇治茶太淡，所以，關東消費者很難接受。故在百貨公司銷售的宇治茶多以關東方式加工。

YES

否則生意做不成。

## 3 喝十杯茶？或吃六公克茶

從此開始，實際介紹吃茶的內容。今後可能出現直接食用茶的實驗，可是我自信只有我能將此結果出書。

### ①安心地吃

也許有人擔心茶的營養成份太豐富或兒茶酸、咖啡因等效能過大，每天吃茶會不會有害？如果我說「抹茶也是用吃的，所以沒關係」、「緬甸吃茶的醃菜也沒出現問題」，未免不負責任。因為，至目前為止沒有持續吃日本茶的例子。所以，我是第一個為了了解吃茶安全嗎？可勸大家安心吃嗎？而以老鼠做實驗。而經過數次實驗終可確認下列各項，下面一一列舉。

a.成長不會緩慢，且依吃了多少量體重便增加多少。

b.不會降低蛋白質、脂肪等的消化吸收率。

c.不會降低礦物質的利用性。

d.骨骼成份不起變化。

e.在解剖結果及病理組織學的檢索上，沒有顯示不良影響。

f.血液性狀沒有異常。

g.缺乏鐵質貧血的復原不會緩慢。

h.胎兒數目、體重等不會惡化。

以上是透過利用大小實驗鼠所作的動物實驗所確認的事項。換了人的情形，從三次研究中證實不會惡化健康的人的血液性狀。

下面我們針對其中的g項——對缺鐵性貧血之影響加以說明。

在治療貧血，服用鐵劑時，一般指示禁止飲用茶。理由是茶的丹寧酸會與鐵結合。但川崎市立醫院的原田先生及鹿兒島大學附屬醫學院的石塚先生以各別的研究達成下列的結論，他們認為茶對服用鐵劑的治療效果不會有不良影響。尤其原田先生說明應刪除所有醫藥學書籍、家庭醫學書籍等的禁茶說法。在此背景下，我認為檢討吃茶對缺鐵性貧血恢復的影響是很重要的，故以實驗鼠進行實驗。

結果顯示，即使直接吃茶對貧血的復原亦無不良影響。同時，改以紅茶進行實驗，復原則變緩慢。此實驗，我換了方法再次實施，但結果還是一樣。我須為紅茶辯護，故不要吃改用喝時，紅茶也顯示復原不會變緩慢的結果。而喝紅茶如果不好，那英國人豈不全患了貧血症。英國最尖峰時，每人一年大約吃四公斤，至今則喝不到三公斤的紅茶。再者，日本人喝茶量每人一年則為八百公克左右。

**②大小實驗鼠證明其效果**

本項針對吃茶能回復、增進健康之效果來談，先介紹實際的動物實驗等。首先列舉項目個別說明。而實驗時添加含茶粉末二%的食餌。又決定二%比率之食餌須做幾次實驗。假如一%實驗鼠會吃太多。又五%則太苦吃量減少。經過幾次錯誤嚐試，最後獲得二%的結果。而由我的實驗確定下述效果。當然本書中三十二頁「喝茶的味道與效用」中，所列舉之效果可認定統統有效。

a. 改善血中脂質。

b. 預防食餌性脂肪肝。

c. 預防貯藏脂肪的增加。

d.預防膽固醇膽石。
e.預防酒精性脂肪肝。
f.防止過酸化脂質生成。
g.預防化學物質致癌。
h.供應食物纖維。

其中a～f是有關脂質代謝。下面個別寫出我的想法。

## 血液大掃除

大部份的動脈硬化、大動脈瘤、虛血性疾病（心肌梗塞、腦梗塞）之原因與部份脂肪肝及膽石原因，都和血液脂質量不正常昇高的高血脂症有關。高血脂症指的是，膽固醇、中性脂肪等在血液中增多的狀態。原因多為歐美飲食（高脂肪食物）、飲食過多、運動不足等。而吃茶可預防高血脂症。

## 預防成為「鵝肝人」

如果飲食過多或持續吃歐美高脂肪餐食，不但會在腹部儲存脂肪，肝臟中亦會儲藏脂肪。而被視為世界三大珍食之一的鵝肝醬，這是讓拼命餵食的鵝呈現一種進食過多狀態，使脂肪儲藏於肝臟而成。當然一個人若暴飲暴食，也同樣會成為脂肪肝。

後來我證實吃茶可預防脂肪肝。當實驗中我解剖實驗鼠時，就請動物實驗專家的友人幫忙。他看到吃茶的實驗鼠肝臟很健康而吃了一驚，後來他也經常吃茶。

## 預防膽固醇膽石

吃茶的效果是不必說，而兒茶酸造成的效果，我們是頭一個分析明白的。我讓實驗鼠吃含膽固醇的食餌，在五～六週後發現膽囊儲存膽固醇結石。我拿出米粒左右大的實驗鼠膽囊，以顯微鏡觀察分析，有無膽石，若有為多大。

餵過含膽固醇食餌的實驗鼠，八隻中有七隻形成膽結石。而後食餌中加入茶的粉末，則沒有一隻實驗鼠出現膽結石。可見其效果之大。餵其喝茶時，八隻中有三隻找到膽結石，添加兒茶酸時，一樣有三隻找到膽結石。據說，膽結石的疼痛極遽，除非過來人否則很難知道。看來，吃茶或喝茶後就不必經驗此痛。

## 營救飲酒者的恐怖

假如長期持續飲多量的酒，會①使累積儲存於腹部的脂肪向血液中分泌脂肪酸（脂肪的材料），並轉而供給予肝臟。②抑制脂肪酸在肝臟氧化分解。③促進脂肪酸及脂肪的合成。④抑制肝臟分泌核糖核朊質（從肝臟分泌的脂肪形態）。在這些影響之下會形成酒精性脂肪肝。各位讀者是否曾在健康診斷中被醫生警告γ—GTP過高，酒要少喝些呢？後再經檢查、精密檢查，而被判定肝臟迴響異常，最後仍不注意，繼續喝酒。而變肝炎，甚至惡化為肝硬化，故要充份注意喝酒千萬不可過量。

我們曾發表，食用茶粉末及兒茶酸類可預防酒精性脂肪肝。但仍不算完美，所以，喝酒還是不可過量。

## 預防致癌

前面提及茶的味道與效用時，曾說明喝茶中攝取的兒茶酸類，對各種癌症有抑制作用。我們透過實驗鼠所做的三次模擬試驗，確認可發揮此功能。

在不給茶粉末的對照群中，六〇～七〇％的實驗鼠得腫瘍，相對的，加二％茶於食餌中的一群，致癌率降低至二〇～二五％。這就是兒茶酸、葫蘿素、維他命E、葉綠素、食物纖維等的綜合效果。但同時餵他們吃從同一茶園取得材料做的烏龍茶與紅茶，卻無法證明該效果。

這一連串效果以兒茶酸類為主角。或許有讀者認為既然如此，喝了茶還不是一樣。的確，我們把茶粉末混入實驗鼠的食餌中進行實驗時，同時也將其中一群的食餌中混入兒茶酸類一起檢討。這時發現，兒茶酸類才是綜合效果的主角。

可是我們也放入與二％茶粉末所含的兒茶酸等量的兒茶酸（大約為食餌的〇・二五％）做實驗，然任何效果都強烈出現於放入茶粉末的一方。可見泡了茶不會出現的成份，以吃的方式攝取時，才看出兒茶酸類的威力。有防止過氧化脂質的生成，就是與防止老化的效果一樣。那是除兒茶酸外，再加葫蘿蔔素及維他命E的效果。而使用茶的料理除可去油膩味有清新效果外，同時也使體內煥然一新。

## 供給食物纖維

自從英國泰基特醫師發表「非洲烏干達原住民，比歐美各國少罹患大腸癌、心臟病及糖尿病等（即所謂文明病），這是由於食物纖維攝取量差異所致」。此纖維說論文自一九七一年發表以來，食物纖維的重要性依序被闡明。由於篇幅的關係，沒辦法在此說明食物纖維的效果，且歸納於茶纖維中說明。

關於茶食物纖維的生理作用，我們的研究小組進行研究，因而發表有使血液及肝臟之膽固醇、中性脂肪正常化的作用。預料今後各效果也會依序被解明，大家可拭目以待。

食物纖維的效果中最重要是保持大腸內容物的體積，也就是水份。你可試想將茶放入茶壺時的份量不大，可是待泡好茶欲丟棄時，體積已增加數倍。這種膨脹的效果，對腸而言也是很好的。

我們以最新的定量方法，測定茶的食物纖維。算出二七試料的平均值是三〇％。由此算式得知，假如吃六公克茶，食物纖維的供給量就為一•八公克。這數值相當於厚生省發表的日本人一天應攝取食物纖維量一七•四公克（一九八五年現在）的一〇％以上。就每日攝取量（一七•四公克）再加上六公克茶的纖維量，就達一九•二公克，恢復一九六〇年當時的攝取量。像這樣吃茶，站在食物纖維的供給上，也有其優點，可見茶充滿威力。

## ③效果恰當好處，後一天六公克對人類也不錯

依以上效果來思考，究竟該吃多少茶、喝多少茶。據我們的實驗結果及專門研究兒茶酸與癌症關係的小國先生談話得知，一天需攝取一公克的兒茶酸。亦即我們需喝一公升以上的茶。且最俱效果的，不是在第一泡或淡的粗茶，而是第二泡綠茶。而我們需二〇公克左右的茶葉，一般我們除喝茶外，還會喝其他飲料，故除特別愛好品茗人士，否則談何容易。

直接吃時又如何？營養成份方面，我說過以六公克茶葉來比較，等於是泡高級綠茶時的茶葉量一樣。至於生理性效果可由動物實驗資料來推定。像前所說的實驗鼠，加一～二％茶於食餌，就可確認各種效果。

換了人時，日本人的餐食平均攝取量，去除水份外，需將近四〇〇公克重。這樣計算，其中的一～二％等於四～八公克，此份量每天吃是十分可能，並可期待效果。故奉勸各位一天吃六公克茶，學說上的理由即在此。

喝的話需一公升（二〇公克茶葉），改用吃則只需六公克，請問你要選擇什麼方式？像我二者都選。我一天吃六～八公克的茶，又喝十杯茶。不喝飲料改喝茶就有很好的效果。我們並常大吃大喝（不用擔心其他後果，茶會加以抵消）。

## ④過來人所說的吃茶效果

吃茶最大的迴響是可改善便秘。這是增加攝取食物纖維及兒茶酸的效果。但也有人說完全無效。而也有酒精性肝傷害的改善例子。像喝酒過多γ—GTP顯示過高的人，開始一天吃六公克茶，三個月後γ—GTP降至平常值，同時，脂肪肝的傷害也消失。

另外，一位住長崎的人連同資料影印本寫信告訴我，原來他血中膽固醇值高達二七〇毫克／十克，但過三個月就降至正常值。到我研究室買茶的人，本來中性脂肪有四〇〇毫克／十克，但一個月後降低二〇〇。又有例子顯示，本來血糖值二九〇毫克／十克，三個月後降低一三〇之男性及原來為四〇〇的女性，三個月後降低一七〇的例子。

其他，如增加食慾，肩痛減輕，更年期懶散程度減輕等心理效果。雖然不敢斷言完全是吃茶效果，但根據動物實驗結果可肯定吃茶效果。可見吃茶效果極大。

# 第三章　準備開始吃

## ——自己動手做「理想的食用茶」

## 1 該選什麼茶

茶有許多種類。到現在為止我說的茶是指日本茶，但廣泛而言，像焙茶、烏龍茶、紅茶都是茶，然更廣泛而言，連柿茶、清草茶、海帶茶都可稱為茶，但仔細說明這些茶也沒多大意義，再者，關於茶的書出版極多，各位不妨研究看看。而在此歸納、所講的是吃的茶。日本的茶九九・九九％以上是綠茶，其中煎茶為八五％，粗茶為一一％，玉露〇・五％，抹茶則只有一％（好像也有把綠茶等搗碎為粉末的冒牌貨）。故一般所謂茶可認為是日本綠茶。所以，要吃的茶也可從綠茶中去選。

## 2 理想的食用茶

食用茶在選擇上須考慮有良好營養成份、易吃、可安心並能獲得效果等四項。先說結論，基本上須為「高級綠茶」。若玉露或真正抹茶之高級品，為製出獨特美味，從栽培之初就

不同，雖胡蘿蔔素另當別論，但維他命C、E、兒茶酸及食物纖維卻銳減。而每一〇〇克三〇〇〇日幣的茶若每天吃負擔太大。換了便宜的綠茶、粗茶，纖維太多、太硬難吃，同時，胡蘿素亦減少。包括焙茶在內，像烏龍茶及紅茶等有顏色，主要成份已氧化分解，其缺點多、難吃、食用效果亦有限。由此可見，總合各項，基本上吃的茶以每一〇〇克為一〇〇〇～一五〇〇圓日幣左右高級綠茶為宜。

接著是吃前的準備。就算是高級綠茶，其原狀必硬而細長且彎曲，故難吃。所以，我們須使用缽或磨芝麻機器先磨成一毫米的長度較好。

最近有許多可吃的茶上市，可加以利用。

## 專欄⑥　美味茶的泡法(1)

泡茶時，看你怎麼泡，時而好喝，時而不好喝，味道相差極大。而買茶時，店員會給你「美味茶泡法」的小册子，可做參考。很多時候也會將此寫在茶包上。

所謂基本泡法，叫做標準浸泡法，曾由農林省茶業試驗場（現農林水產省蔬菜、茶業試驗場）、靜岡縣茶葉試驗場、靜岡縣茶商工業共同組合連合會、靜岡縣茶葉會議所七名茶葉專家，依味覺評價與化學分析數值所決定的方法。此方法於1973年發表，比較適合製法簡單的茶。目前，以首都圈為中心成為主流的複雜製法之茶，較標準泡法茶葉少、水量多、浸泡時間短但美味，可享受品茗之樂。

因為茶是屬嗜好飲料，故有個人差異，諸如我喜歡澀、苦、濃、淡、甘甜……。這始終是茶專家的平均法，應依個人差異，適當安排喜好即可。

## 專欄⑦　美味茶的泡法(2)

寫在小册子或茶包上之茶的泡法，多是×克茶葉，配×度熱水及×公升的水、浸×分鐘再沏出。

問題是，有沒有實際可評估茶葉的器具？有沒有計量水溫的儀器？有沒有測量水溫的溫度計？……。當然每個人都有其方法，也因此這一來便極麻煩。下面則介紹無論在家裡或辦公室等，可簡單做的方法。

首先如果是綠茶，其茶葉量以我們吃咖哩飯的湯匙，每一湯匙就為5～6克，這是很好的標準。水量則使用料理用的計量標準，就可量200毫升，故事先測量經常使用之茶杯的容量，則可以此做為計算標準。普通茶杯約為一〇〇～一五〇毫升的容量。至於水溫問題，像粗茶、焙茶高溫較好，故開水就可，若須特定溫度，市面上亦有可保持一定溫度的電茶壺，能加以利用。而茶放涼的時間全依習慣。假如是高級綠茶，放在茶杯3分鐘。若是玉露則是7分鐘左右。

屆時，為能買更令人安心又易吃的產品，並有下述念頭時，可先詢問店員再選擇。

①是不是栽種時就以吃為目的。②形狀是否容易使用且易吃。③製茶業者是否值得信賴。④是否使用有機、低農藥所栽培之茶等。

像靜岡縣掛川市製造商，早已開發、製造從原料的生產至加工為止，都以吃為目的的茶商品。另外，鹿兒島縣全縣都傾力著手於吃的茶之商品化。尤其他們的「農會」更開辦研究計畫、積極推展。何處為最重要的消費者，便賣力認真開發，同時也對農民進行輔導。

但願上市之吃的茶能值得信賴。也就是說，市面上仍有可疑商品，其將便宜的茶放於漂亮盒子裡，以高價出售，或只是把綠茶切細的產品，甚至貼上無農藥的標籤，卻只是欺瞞消費者，故須充份注意再選購。

## 3 不分中外、各種點心、糖果都可以

切細的高級綠茶或買回吃的茶，以每天六克為標準連續吃為最重要。如此保證能維持健康。每餐二克，以輕輕的一湯匙為標準。就其原狀吃也可以，但這並非吃藥，所以要加以想

像，要吃得更美味、更快樂。茶——可製為中外高級藝術品料理、學校的餐食，甚至做為糖果都行。

日本的飲食文化真了不起。請問你每天吃什麼菜肴？不僅可吃中外和菜，還可以是無國籍的「家常菜」。可能這就是日本平民飲食文化。你也可以將茶料理納入飲食文化，本書會提供您構想。但有幾個注意事項，先記入腦中再著手烹調。

- 茶料理只是配料而已：全部料理都為茶，就沒樂趣可言。
- 避免加熱時烤焦：為防止維他命被破壞，焙茶不要太香。
- 空腹時不吃：因為茶會促進胃液分泌，使胃疲倦故最好避免。
- 盡量每餐都吃：做為健康的幫手，每餐吃才有效。
- 不要吃太多：一日十克左右，保證無事。

## 專欄⑧　享受真正高級的品茗之樂

「真正」高級茶！因為有假的高級茶，所以，我才刻意標明「真正」。

位於宇治平等院的參道宇治茶老舖，泉園的老闆告訴我品茗的方法。這是法國總統亦曾去過幾次的店舖。凡去過平等院的人多知道此法。老闆說：「雙手捧著注滿開水的茶杯時，感覺肌膚的暖度，這與茶杯厚度無關，杯中的熱水大約為50度。」的確如此。

他還告訴我，每100克2,000元以上日幣的高級綠茶上級品，像玉露等的品茗之樂。茶葉的量5～10克，水溫50度，水量為蓋過茶葉的程度，浸泡時間則至茶葉半開為止。確認半開時，須拿起杯蓋，看裡面的茶葉來判斷。待茶葉全開，就會由黑綠色變亮綠色，所以，茶葉為半亮綠色時，就可將茶倒在茶杯中。務必試試。必可享受與玉露極相似的品茗之樂。

# 第四章

# 我的家常菜是茶美食

## ——美味！吃茶的健康料理

終於進入茶料理。由簡單料理到高級料理，準備很多內容。因作法沒有規則，例如，茶量可依喜好增減，讀者不會一一批評，又像有的肉丸、餃子也可加入茶一起做，有的沒有一起做，如此才富變化。且可享受快樂、美味之均衡。這才是聰明的茶食。

作法如果註明茶時，便是五七頁準備的粗磨高級綠茶，或是值得信賴的「食用茶」。又茶的計量標準如下。

2公克—一茶匙。

5公克—一咖哩匙。

PART Ⅰ

# 日本料理篇

不論煮的、烤的、炸的，甚至加在二道主食中的小菜，都能令家族歡喜的三十一種加入食用茶的日本料理

# 山菜油飯

▶作法要訣　要進食前，泡的茶要與油飯充分攪拌再吃。

材料（4人份）

米……3杯
香菇
薇菜
蕨菜
土當歸
（以上）各一〇〇公克
蒸欸冬……2枝
油……$1\frac{1}{2}$大匙
Ⓐ
煮汁……$1\frac{1}{3}$杯
醬油……三大匙
鹽……$\frac{1}{5}$小匙
料酒……1大匙
酒……2大匙
食用茶……6公克

●作法

①蒸過的山菜，除非在家裡已泡過外，須在熱水中泡一下。竹筍切成薄片，連同薇菜、蕨菜切成二～三公分長。土當歸的皮切成二・五公分長的粗碎片，不要全剝掉，在水中放涼。

②以油炒①，加Ⓐ後再煮四～五分。

③米要洗淨，放竹籠中三十分鐘左右。

④把②放入竹籠中，這時竹籠下面還要放一個鍋子，輕接瀝乾的汁。然後於汁中加水至五百cc，倒入③的米中炊。要蒸時放入材料，並在上面混合地灑茶與欸冬裝飾。

## 黏稠的油飯加上茶的輕微風味

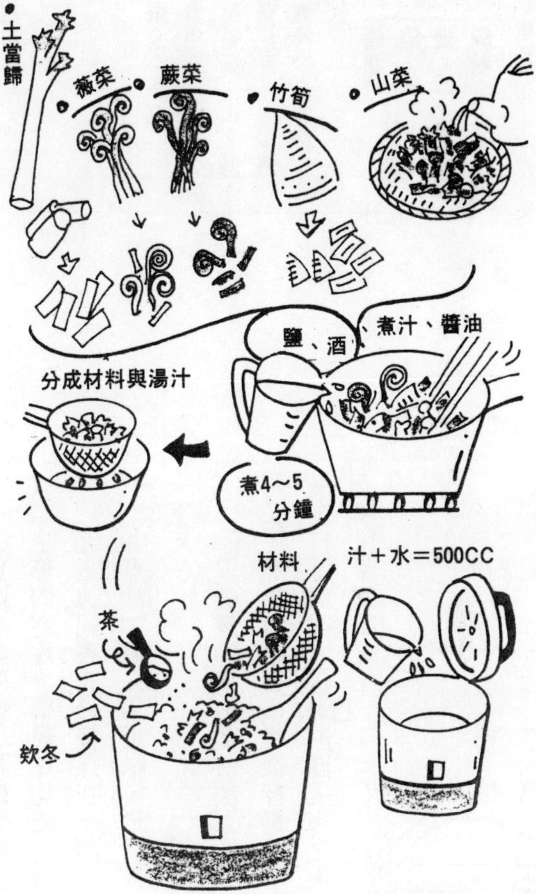

# 雞蛋湯

▶作法要訣　蛋與茶事先仔細攪拌泡在一起。

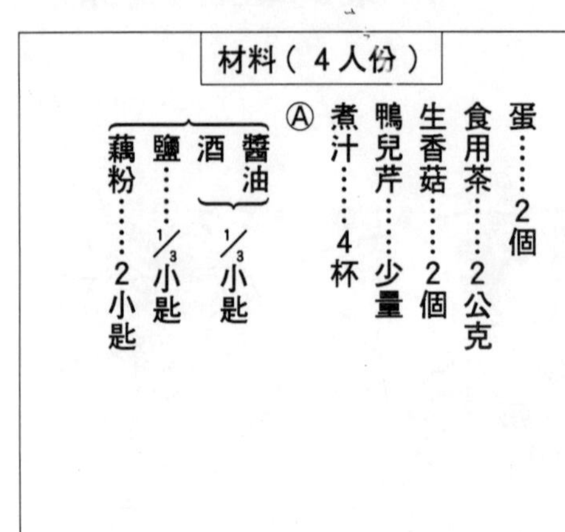
材料（4人份）

蛋……2個
食用茶……2公克
生香菇……2個
鴨兒芹……少量
煮汁……4杯
Ⓐ醬油、酒……各⅓小匙
　鹽……⅓小匙
藕粉……2小匙

●作法

①切落香菇的蒂，再將香菇的菌傘切成二半形的薄片。鴨兒芹切為二公分長。

②蛋連同茶充分攪拌在一起。

③煮汁加溫以Ⓐ調味，再放入香菇煮一下。

④以倍量的水泡藕粉加入③中，輕輕勾芡，然後以小火慢慢攪拌湯汁，另一面灑上打好的蛋。蛋遇熱浮上來之後，再灑上鴨兒芹就關火。

# 黃色的蛋與擴散之綠色茶相映極鮮豔

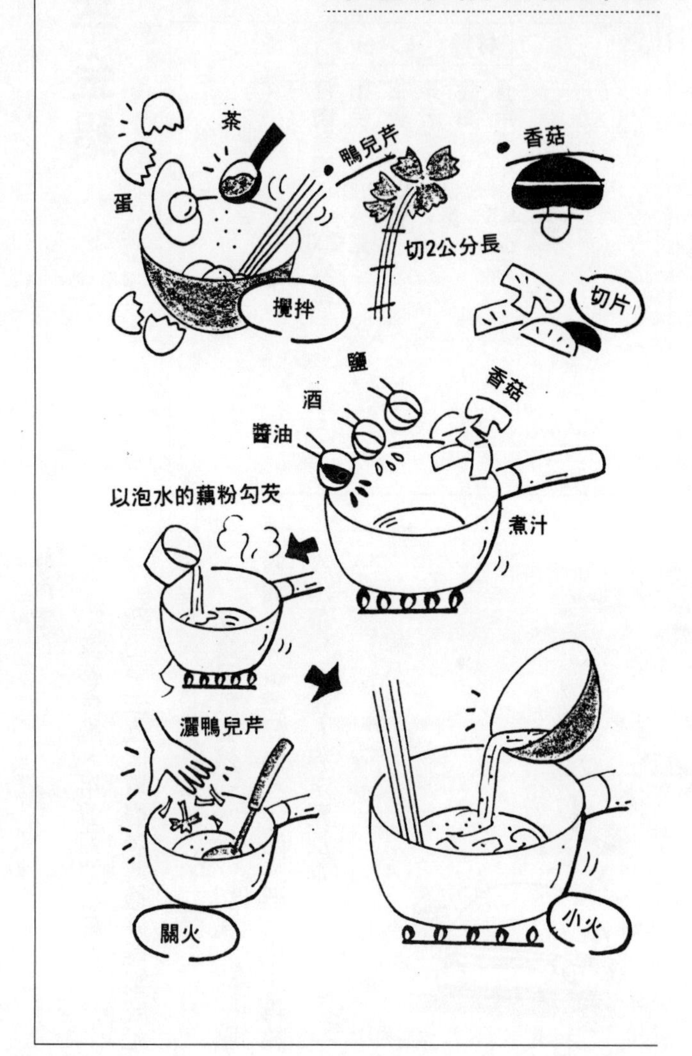

# 山芋金鯧

▶作法要訣　山芋連同海苔、芥末一起輕輕放入。

材料（4人份）

瘦肉金鯧……200公克
山芋……250公克
海苔……½片
芥末、醬油……適量
食用茶……4.5公克

●作法

①海苔烤脆、用剪刀剪成細片。

②山芋去皮，以磨缽或擦碎器製成泥狀。

③金鯧魚要擦去水份、切塊，沾一點醬油。然後瀝乾湯汁，盛入器皿中，再放入山芋、海苔、芥末泥及茶。

## 怕先生飲酒過量時的最佳下酒菜

# 拍鬆的鰹魚

▶作法要訣　把茶當調味料的一種，加些許，拌勻再吃。

**材料（4人份）**

- 鰹魚……1/4片
- Ⓐ
  - 醬油……3大匙
  - 醋、酒……2大匙
- 檸檬……1/4個
- 小黃瓜……1枝
- 蘘荷……4個
- 裙帶菜、洋蔥……各少量
- 大蒜、薑……各1
- 食用茶……4公克～8公克

## ●作法

①鰹魚用鐵絲串起來，在火上烤，待焦黃再翻過來烤，之後立刻以冰水快速冷卻，再拔掉鐵絲、瀝乾水份。

②在鰹魚上灑稍許Ⓐ佐料，以刀背輕輕拍鬆。再用絞緊的布包起來，放於瓷盤中，放入冰庫冷藏至端上餐桌為止。

③鰹魚要切成厚片，連同配菜、佐料及茶放在一起，再加入剩下的佐料汁。

## 茶也可以當佐料使用。亦可配合各種生魚片！

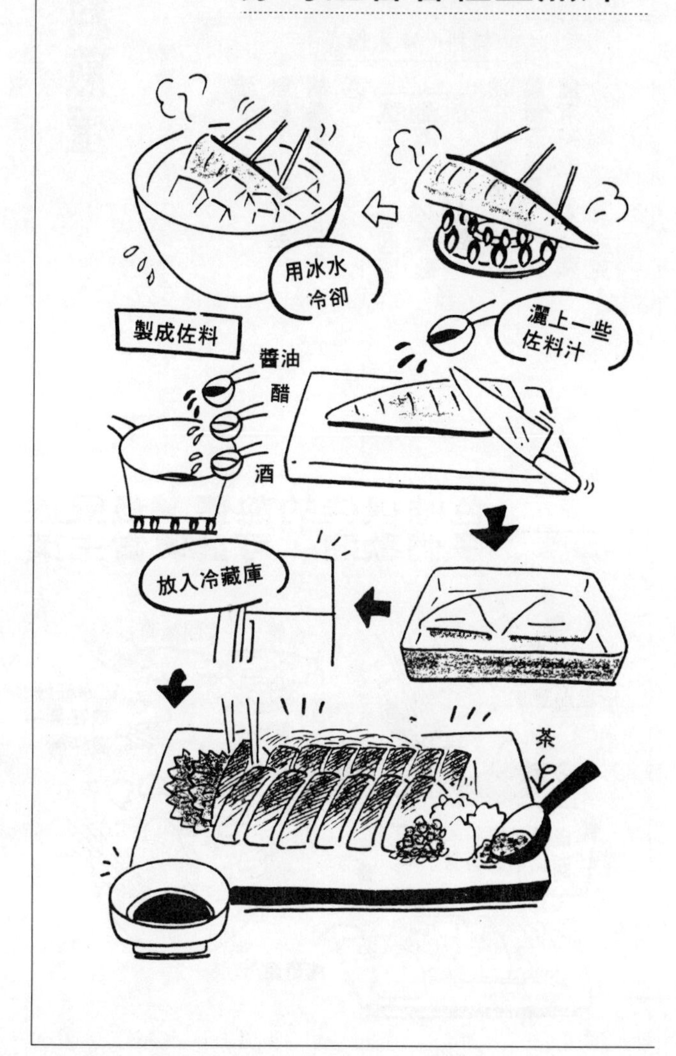

# 加料煎蛋

▶作法要訣　每一卷都灑上茶、完成後看起來極漂亮。

**材料（4人份）**

蛋……5個
魚乾……30公克
胡蘿蔔……3公分
Ⓐ
- 鹽……1/3小匙
- 甜酒……1/2大匙
- 酒……1大匙

油……適量
蘿蔔泥適量
食用茶……4公克

## 色味俱佳的煎蛋、最受孩子們歡迎，可當便當主菜

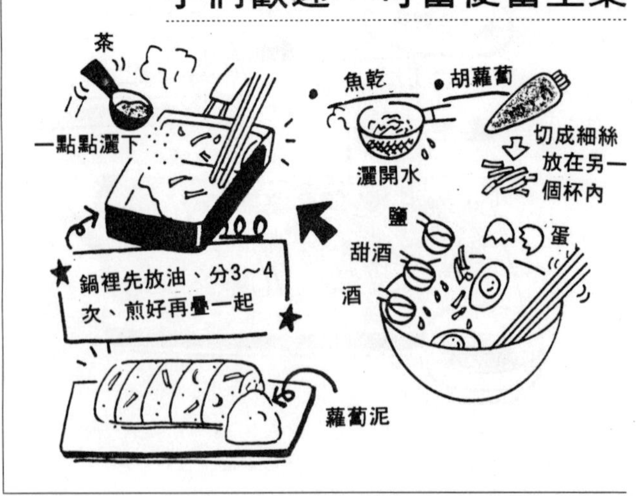

# 醬烤串茄子

▶作法要訣　茶不要跟味噌攪拌一起，由上面灑較恰當。

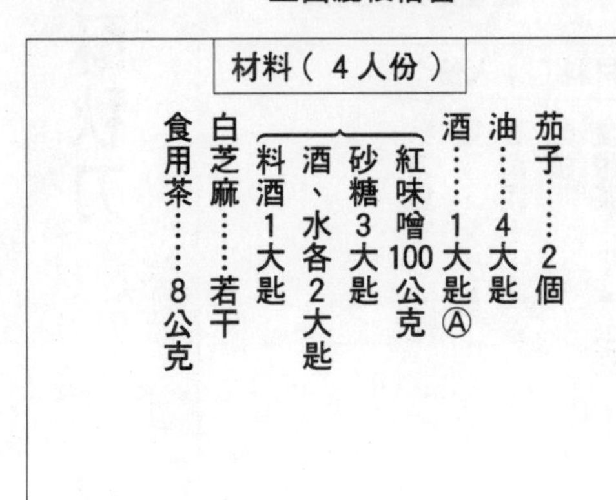
材料（4人份）

茄子……2個
油……4大匙
酒……1大匙
Ⓐ
紅味噌100公克
砂糖3大匙
酒、水各2大匙
料酒1大匙
白芝麻……若干
食用茶……8公克

## 茶的苦澀味使味噌的濃味淡化

# 鹹酥秋刀

▶作法要訣　事先攪拌好的蘿蔔泥與茶混合，配燒好的秋刀魚。

材料（４人份）

秋刀魚……４尾
鹽……½大匙
蘿蔔泥……適量
酸橘
食用茶……４公克

●作法

①秋刀魚用鹽水（這鹽非包含於材料量中）洗，再瀝乾水份。排在竹網上，兩面平均灑上適量的鹽，然後擺二十分鐘。

②秋刀魚切成二半。

③烤網先乾烤，再於網上抹油，將秋刀魚的表面朝下並排。等滴油冒火焰便將魚連同網離火，然後弄成小火，再將魚放回爐上烤。這時要小心，不要烤得又黑又髒，等顏色烤得漂亮再翻過來烤。

④剛烤好的秋刀魚配稍去汁的蘿蔔泥混茶並添加酸橘。

## 和魚料理組合烤成健康的一品菜

# 燒雞肉

▶作法要訣　煮佐料汁，最後放入茶並連同雞肉輕輕勾芡。

**材料（4人份）**

Ⓐ雞腿肉……2塊（600克）
醬油、甜酒……各3大匙
砂糖……1大匙
莢豌豆……少量
油……2大匙
食用茶……2公克

●作法

①切掉雞肉黃色脂肪，再沾調味料Ⓐ並時常翻動，擺放一個小時使其入味。

②平底鍋熱油，把泡過佐料汁的雞肉皮朝下放入。等煎至皮色變漂亮再翻過來煎，加三分之二杯的水，以小火燒煮。

③等火候夠就放入①的佐料汁，恢復大火，煮熟後再放入茶直接燒。

④肉要切成易吃的大小，並添上顏色蒸得漂亮的豌豆裝飾。

## 頗受歡迎的燒雞肉。再灑上食用茶就成了。

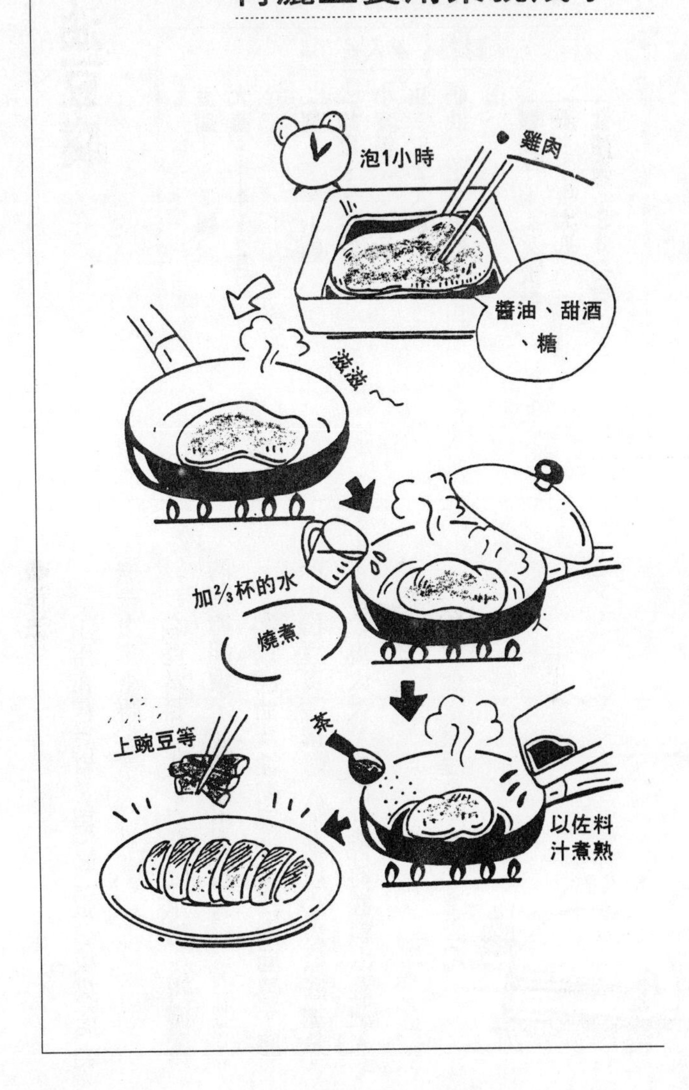

# 奶油豆腐

▶作法要訣　茶混入佐料中，最後於豆腐上灑一些就完成。

**材料（４人份）**

豆腐……２塊
大蒜……１～２片

Ⓐ
- 鹽……$3/4$小匙
- 胡椒……少許

小麥粉……適量
油……２大匙
奶油……２小匙

Ⓑ
- 醬油……$1\frac{1}{2}$大匙
- 酒……１大匙
- 食用茶……４公克

**●作法**

①用布包豆腐，再以二張砧板夾住，擠一～二小時。

②豆腐要切成半厚擦乾水份，再灑Ⓐ的鹽與胡椒，並輕沾小麥粉。

③以奶油及油配薄切大蒜兩面燒。將四人份豆腐並排燒，加蓋以小火徹底加熱，再改為大火，拿出Ⓑ佐料輕輕由邊灑入再燒。

④以盤子盛豆腐，再加上大蒜。

## 豆腐是適當的健康食品。加上茶便如虎添翼。

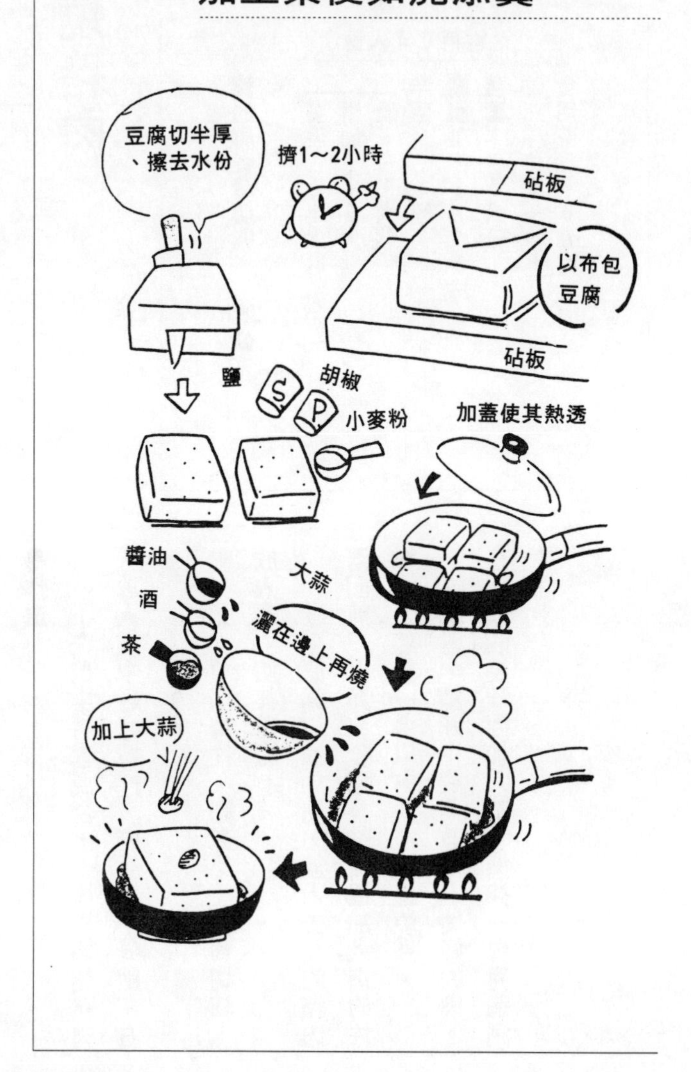

# 薑燒豬肉

▶作法要訣　始終要注意加入的茶味不可過火！使茶滲入肉汁中。

材料（4人份）

Ⓐ豬的肩脊薄切肉……350公克

- 薑泥……1大匙
- 醬油……3大匙
- 酒……1大匙

洋蔥……1個
高麗菜……2～3片
蘿蔔……5公分
油……1½大匙
食用茶……6公克

●作法

①在碗中將Ⓐ混合，一片片剝開豬肉，放入碗中好好攪拌，擺放三十分鐘左右。

②洋蔥切薄片，高麗菜、蘿蔔切細，放入水中使其變脆。

③平底鍋以油加熱，放入去汁的豬肉兩面煎，至顏色變漂亮就從邊加入肉的佐料汁，然後一邊以肉沾汁一邊燒煮。

④盤中鋪好生蔬菜並排上燒好的肉。在止火的燒汁中加入茶，攪拌一會兒遍灑於肉上。

## 客飯的代表菜單。做為家常菜又有不同風味。

# 燒鰤魚

▶作法要訣　茶直接灑在燒好的魚上，味道清脆。

材料（4人份）

Ⓐ鰤魚……切4塊
醬油、甜酒　各3大匙
油……1½大匙
蕪菜……2個
Ⓑ鹽……⅓小匙
醋……3大匙
爪槌草……1枝
砂糖……1½大匙
食用茶……4公克～8公克

●作法

①鰤魚泡於Ⓐ的佐料汁中，時常翻動、擺放三十分鐘。

②蕪菜去皮縱向切半為薄片，沾鹽使其柔軟，再瀝乾水份，並加入Ⓑ的甘醋攪拌。

③平底鍋以油加熱，輕輕擦乾鰤魚的水份，表面朝下並排放入鍋中。輕輕搖晃平底鍋，待煎得顏色變漂亮再翻過來煎至同樣顏色。

④把魚的佐料汁遍灑於③中，時常搖晃平底鍋，使魚沾到佐料，再放回爐上燒。

⑤將茶灑在燒好的魚上，再放入沾了甘醋的蕪菜。

## 嫌鰤魚太油膩的人一定會喜歡。

# 鰻魚煮梅干

▶作法要訣　為使吃起來更脆，茶盡量篩細。

材料（4人份）

鰻魚……500公克
梅干4～5個
Ⓐ
醬油……5大匙
砂糖……2大匙
甜酒、酒　各3大匙
水、鹽　各適量
食用茶……4公克

●作法

①鰻魚去頭，從切口掏出泥腸，再去尾，切成二～三塊，用淡的鹽水洗淨後瀝乾水份。

②鍋中放入鰻魚，遍灑梅干，再加入Ⓐ調味料，然後將水加滿。

③將②放爐上，煮開後改小火，用杓子舀去灰汁，然後將煮汁煮至八分熟。途中煮汁的分量變少，就時常傾斜鍋子，將煮汁淋魚上，燒至顏色變漂亮。

④關掉火、擺放至不燙為止，再放入器皿中，把剩下的煮汁淋在魚身上，再灑上茶。

## 茶會重現媽媽的味道，口味新。

去尾
去頭
掏出泥腸
切塊
撕碎散放
醬油
砂糖
甜酒
酒
梅干
加滿水
水
一面舀灑煮汁
茶
將剩下的煮汁淋魚上再灑茶

# 味噌青花魚

▶作法要訣　為突顯茶香、煮汁要淡些。

**材料（4人份）**

青花魚……1尾
食用茶……4公克
Ⓐ
水……1½杯
砂糖……3大匙
白味噌……4大匙
甜酒、酒……各2大匙
薑……1片

●**作法**

①魚切斜向，切青花魚胸鰭的內側，切入背面、去頭、剝切成二半，再各切成四片。

②混合Ⓐ調味料。

③平鍋內放②的三分之二量，及薄切的薑，青花魚切口朝下並排放入，再上爐。

④煮熟後再以小火煮十五分鐘。

⑤眼見青花魚湯火候夠，就遍灑剩下的混合味噌。

⑥一面將煮汁舀灑於魚上，再煮十五分鐘。後將魚放入盤中，並把茶放入剩下的煮汁裡，輕輕攪拌。

## 吃慣的味道要不要靠茶的魔法稍微改變

# 茶碗蒸

▶作法要訣　若蒸過頭，茶色會變，須小心。

**材料（4人份）**

Ⓐ蛋……3個

煮汁……3杯

酒、甜酒……各1大匙

鹽、醬油……各1小匙

雞胸肉……2片

蝦……16尾

香菇干……2片

鴨兒芹、酒、鹽……各少許

食用茶……2公克

●作法

①雞胸肉削切，蝦去殼取出泥腸，混合二者灑入三分之一小匙鹽、酒一大匙、加以攪拌。

②香菇干泡水，去蒂，切成均杏葉狀。

③打入蛋與Ⓐ混合並過濾。

④碗裡放入去汁的雞胸肉、香菇，然後慢慢放入③的蛋汁，再擺入蒸蛋器中。以大火蒸二分鐘，小火蒸七～八分，等表面火候夠放入蝦，再放回爐上蒸五分鐘至火候夠。

⑤等火候夠再放入切好的鴨兒芹、茶再關火。

## 蛋與茶極相配

香菇
去蒂切均
杏葉狀
蝦
去泥腸
雞肉
酒
削切
去殼
鹽
過濾
蛋汁
輕輕倒入
煮汁、酒
、甜酒、
鹽、醬油
香菇
雞肉
放入蝦
放進
蒸蛋器
鴨兒芹
茶
關火

# 馬鈴薯牛肉

▶作法要訣　也把茶當一種材料，故要大些。

**材料（4人份）**

馬鈴薯……600公克
洋蔥……2個
魔芋絲……1束
薄切牛肉……200公克
油……2大匙
Ⓐ 醬油……5大匙
　 砂糖、甜酒、酒……各2大匙
食用茶……4公克

●作法

①馬鈴薯去皮切成四塊，刮圓泡水，洋蔥切成大塊狀。

②魔芋絲切為易吃的長度，先蒸二分鐘、瀝乾水份。牛肉切成一口大小。

③熱油炒牛肉，變色後加上半量洋蔥及魔芋絲再炒。

④待洋蔥炒透，再加上瀝乾水份的魔芋絲，炒到油膩程度，再加滿水。

⑤煮開後一面去灰汁煮二～三分，另一方面再加入Ⓐ調味料，以小火蓋上闔門式蓋子煮十五分鐘。

⑥加入剩下的洋蔥，並時常舀湯汁淋在菜肴上，一直到馬鈴薯煮軟為止。

⑦等竹籤可一下子穿過馬鈴薯，灑上茶，攪拌一會兒就完成。

## 無論牛肉、馬鈴薯或茶，都是茶的好搭擋。

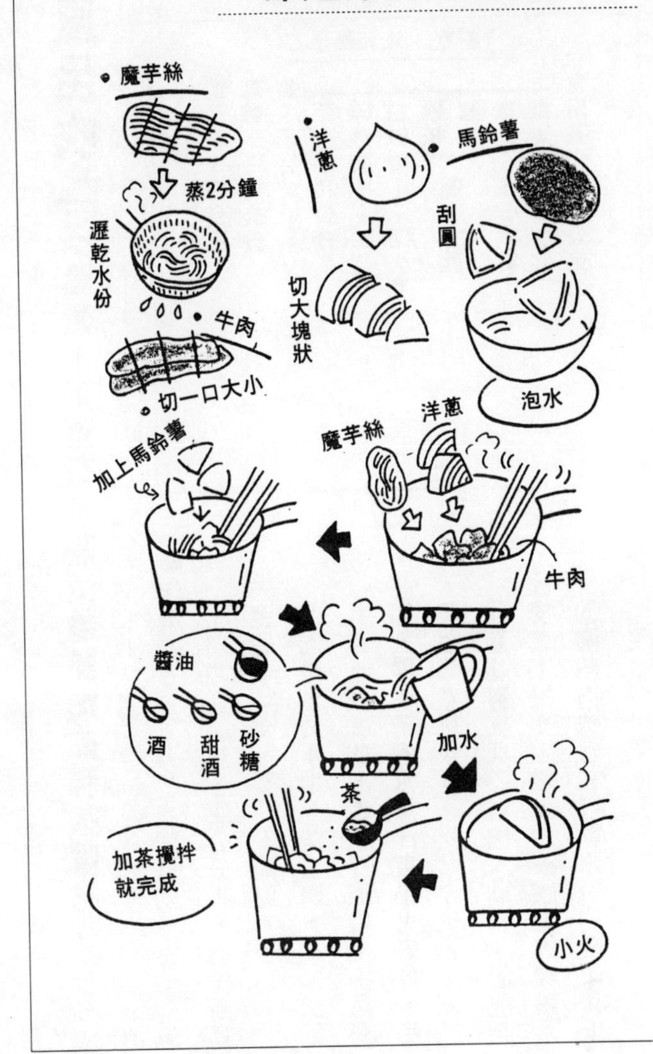

# 「風呂吹」（蘿蔔—蒸蘿蔔、蕪菜趁熱加佐料味噌吃）

▶作法要訣　加了茶口味清新的肉味噌。

**材料（4人份）**

- 蘿蔔……600公克
- 海帶……10公分
- 薑……½片
- 蔥……10公分
- 碎雞肉……80公克
- 白味噌……60公克
- 砂糖、酒　各2大匙
- 煮汁……3大杯
- 醬油……2小匙
- 食用茶……4公克

●作法

①蘿蔔切成三～四公分厚，剝皮刮圓，一邊切十字文，蒸一下備用。

②海帶泡於水中，薑切條。

③鍋裡舖②的海帶，在海帶上排蘿蔔，並加入泡海帶的水煮，以小火煮約一小時，將蘿蔔煮軟。

④蔥切碎，與碎雞肉、砂糖、酒混合，放於爐上攪拌，最後加茶成為肉味噌。

⑤灑些肉味噌在瀝乾水份的燙蘿蔔上。

## 使人身心備感溫暖的一品料理。趁熱吃。

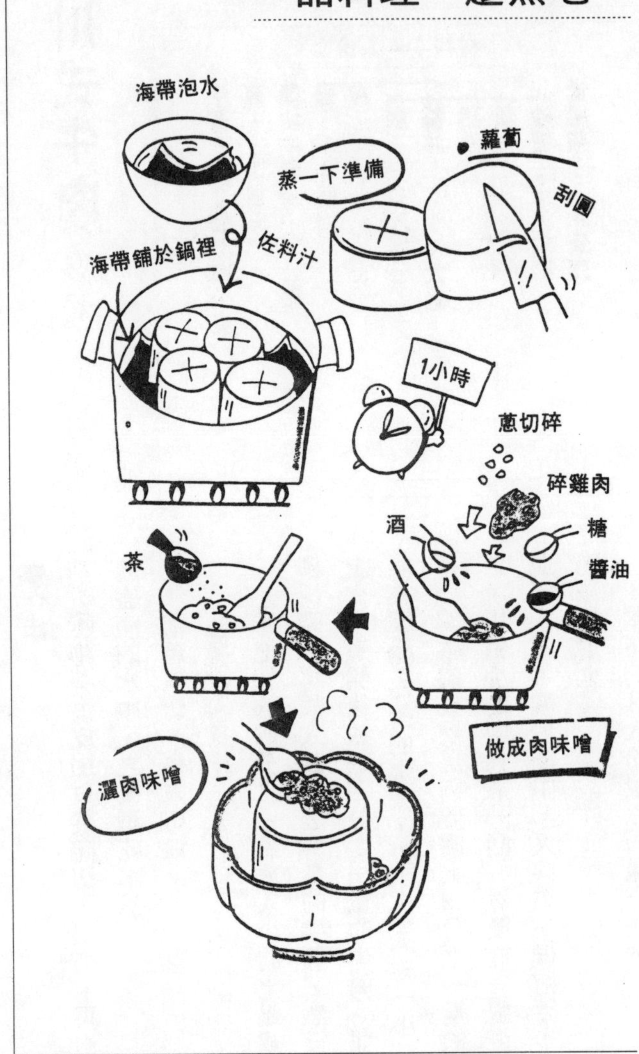

# 柳川式牛肉

▶作法要訣　牛肉切細，火候不要太大。

**材料（4人份）**

牛蒡……2枝（300公克）
蔥……1枝
薄切牛肉……200公克
蛋……4個
Ⓐ
水……2½杯
醬油……4½大匙
甜酒、酒……各2大匙
砂糖……1大匙
食用茶……4公克

**●作法**

①牛蒡去皮，以縱向切、切細，再泡於盛滿的水中，之後瀝乾水份。

②蔥斜切、牛肉切細。

③攪拌Ⓐ煮汁。

④把③的四分之一量放入小的土鍋或柳川鍋，再放入四分之一量的牛蒡，然後上火。煮開後放進四分之一量的牛肉，並舀去灰汁。

⑤牛肉火候足夠便灑上四分之一量的蔥，用稍小的中火煮一回。然後打一個蛋並混入茶，灑於鍋中，火候夠、蛋稍微半熟些便熄火。

剩下的3人份也以同樣方法煮。

## 肉鍋是餐桌上之王。一群家人、朋友於餐桌上熱熱鬧鬧地吃飯

# 油豆腐蘿蔔

▶作法要訣　油豆腐先以開水煮，再仔細去油膩。

材料（４人份）

油豆腐……2塊
蘿蔔……15公分
海帶（去了湯汁）
煮汁……6杯
Ⓐ〔醬油／酒〕各4大匙
食用茶……4公克

●作法

①以開水煮油豆腐三～四分鐘，輕輕洗去油膩，再將一個油豆腐切成四塊。

②蘿蔔切成五公分長，去皮，縱向切成四塊。

③海帶切成一・五公分寬的長方形，並打結。

④將①至③放入鍋中，注入湯汁上火。煮開後關成小火、去灰汁，加蓋煮六～七分。

⑤蘿蔔煮至透明，放入Ⓐ調味料再煮二十分鐘左右，直至蘿蔔煮軟為止，然後放入盤子、止火，再淋上加茶的煮汁。

# 油豆腐、蘿蔔加茶其味無窮

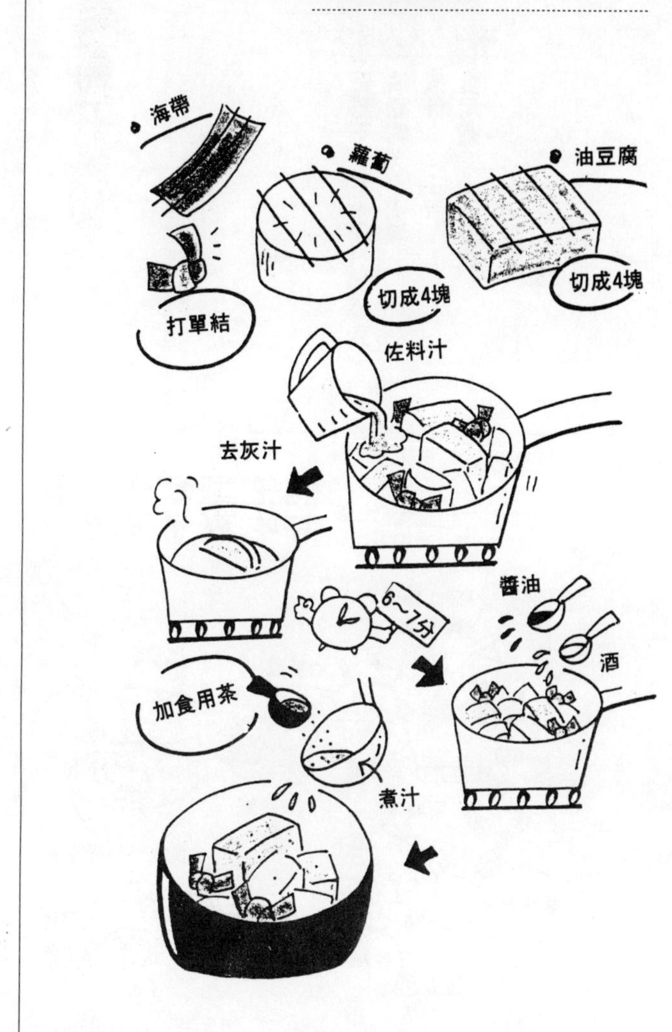

# 煮蘿蔔干

▶作法要訣　淡而無味的蘿蔔干加油豆腐及茶，就創造無窮風味。

材料（４人份）

蘿蔔干……１袋（50公克）
油豆腐……１塊
煮汁……１杯
食用茶……４公克

## 能把蘿蔔干煮得好吃真了不起

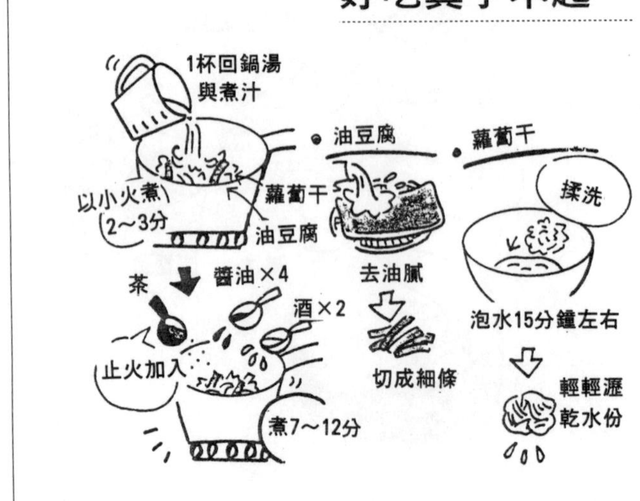

# 乾煮芋頭

▶作法要訣　慢慢煮開煮汁，眼見顏色變光艷再灑上茶。

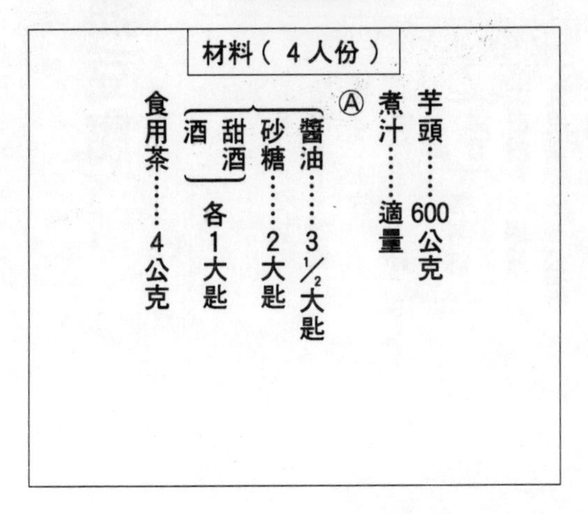

材料（4人份）

芋頭……600公克
煮汁……適量
Ⓐ醬油……3½大匙
　砂糖……2大匙
　甜酒、酒……各1大匙
食用茶……4公克

## 苦味格外少的茶，最適合將菜煮軟

# 炸油豆腐

▶作法要訣　使用太白粉與茶的麵衣，可炸得很漂亮。

**材料（4人份）**

豆腐……2塊
蘿蔔泥……適量
薑……1片
煮汁……1杯
醬油
甜酒　各1/4杯
太白粉……適量
食用茶……6公克
炸油

●作法

①以開水蒸豆腐，放入抹布或竹網上10～20分鐘。

②將煮汁加熱，放入醬油、甜酒煮一下，作成羹湯。

③豆腐切成二塊，沾茶與太白粉混合的麵衣後，立刻放入高溫加熱的炸油中，至表面成褐色便起鍋、瀝乾水份。

④把乾炸的油豆腐放入盤子中，輕輕加入去汁的蘿蔔泥、薑泥，最後淋上熱燙的羹湯。

# 跟麵衣一起炸的茶又香又脆

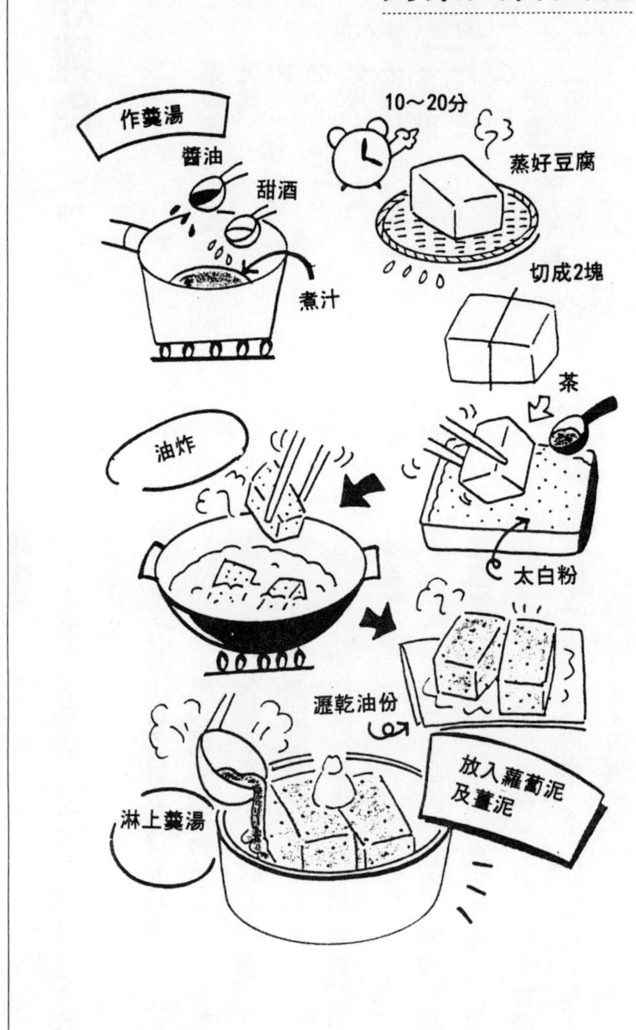

# 香炸雞肉

▶作法要訣　大蒜、蔥、薑加上茶香。

**材料（4人份）**

雞腿肉……2塊（500公克）
大蒜、薑　各1片
蔥……10公分
青椒……2個
太白粉……4大匙
食用茶……8公克
炸油
Ⓐ〔醬油、酒〕各1大匙

**●作法**

①雞肉去油脂、切成3公分塊狀，然後放入碗中。
②大蒜、薑搗碎成泥、蔥切碎。
③把②與Ⓐ調味料淋於①上，用手搓揉後，擺30分鐘左右。
④青椒剝成4塊，去子。
⑤炸油加熱，放入不沾任何東西的青椒乾炸。
⑥將輕輕擦乾水份的雞肉，整個沾裝在塑膠袋裏太白粉與茶和合的麵衣，再放進高溫油鍋炸。待火候夠、表面顏色變淺黃後改小火，最後再用大火炸脆瀝乾水份。
⑦把以上東西放盤子中擺整齊。

## 老少皆宜的菜單加上茶葉

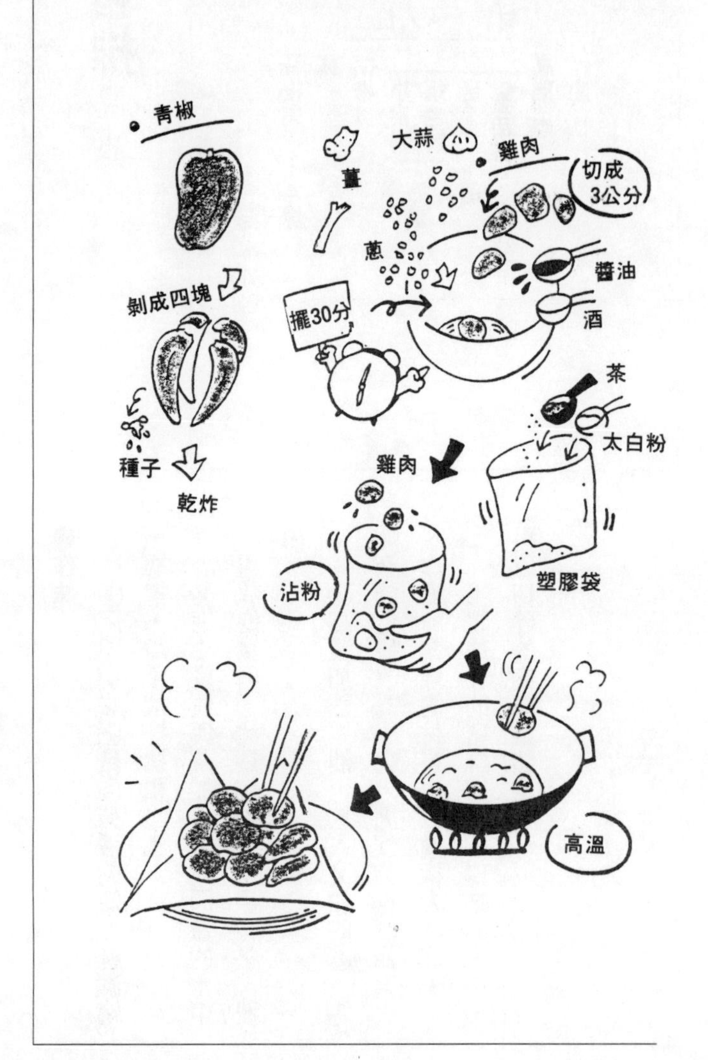

# 炸豬排

▶作法要訣　事先準備高麗菜和茶葉。

材料（4人份）

脊椎肉……4塊
鹽
胡椒
小麥粉
麵包粉　適量
蛋……1個
食用茶……6公克
高麗菜
炸油

●作法

①用刀切去肥豬肉旁邊的筋，輕灑鹽、胡椒，用手拍打揉和。

②把小麥粉與茶加入蛋與同量的水中，再放進豬肉，沾麵包粉，用手輕壓、攪和。

③高溫加熱炸油，放入2片的②，等炸至淺色便改為小火，火候夠再改為大火、炸脆。其餘的材料也以同樣方法炸。

④將炸好的豬排切成一口吃的大小，再以切碎的高麗茶裝飾。

## 不吃不了解茶的風味與威力！

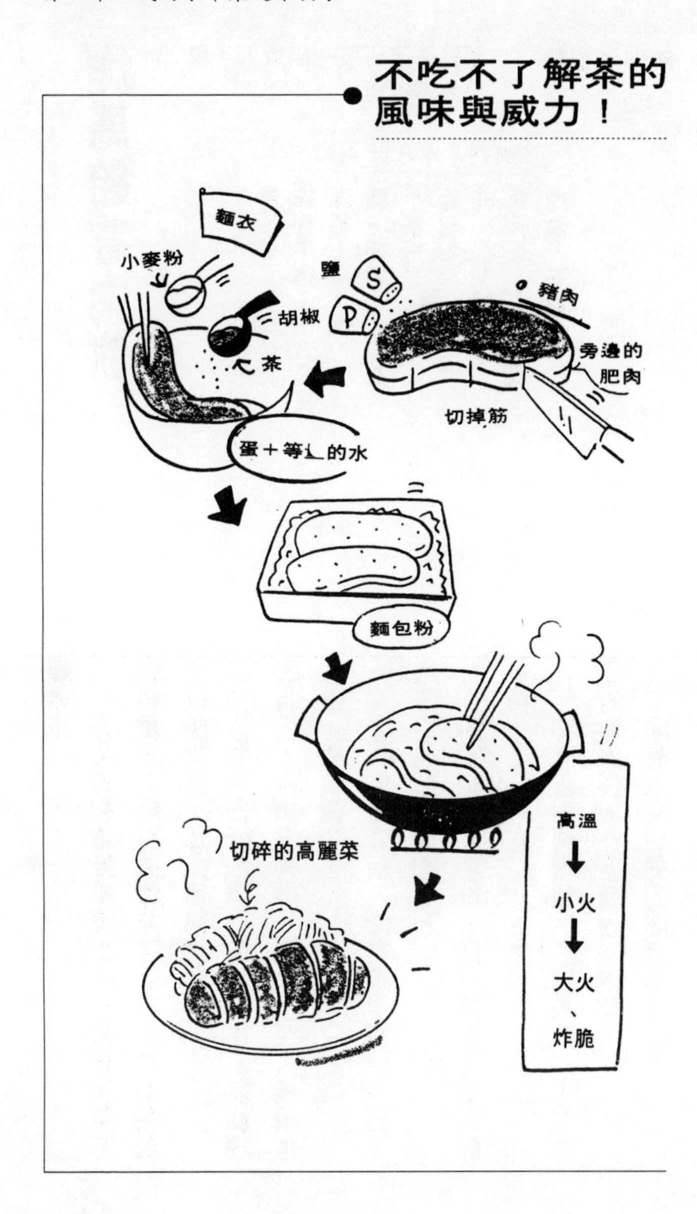

# 炸馬鈴薯肉餅

▶作法要訣　馬鈴薯連同茶一起放入，風味大不相同。

**材料（４人份）**

馬鈴薯……600公克
碎片牛肉……200公克
洋蔥……1個
鹽、胡椒……少量
小麥粉、麵包粉　適量
蛋……1個
食用茶……8公克
炸油、高麗菜

●**做法**

①洗過的馬鈴薯連皮，一個個用保鮮膜包起來，以微波爐煮熟，再用厚布包起來趁熱剝皮，放入磨缽搗碎。

②另一方面，洋蔥切成碎片，以油炒透為止，再加上碎肉一起炒，至火候夠加入鹽、胡椒調味。

③把馬鈴薯加入②與茶中攪拌，分成八等份並形成橢圓形。

④③輕沾小麥粉，打一個蛋並加入麵包粉。

⑤高溫加熱炸油，分別放入二～三個④的炸肉餅，炸至麵衣呈淺色。

⑥盤上放切碎的高麗菜裝飾。

## 有了炸肉餅，再加上茶，庶民味十足

# 炸蓮藕

▶作法要訣　　茶和入麵衣中就不怕炸。

**材料（４人份）**

蓮藕（細）……2節
鮪魚罐頭……1罐
蔥……½枝
莢豌豆……少量
味噌……1小匙
小麥粉……少量
食用茶……6公克
炸油

**●作法**

①將蓮藕切成5～6公釐厚的圓圈再泡於水中。

②鮪魚瀝乾水份、加上味噌及切碎的蔥。

③蓮藕擦去水份，將小麥粉與茶拌和輕灑整個蓮藕上，再將②加於蓮藕上，並疊上另一片蓮藕，且輕輕將鮪魚壓入蓮藕洞中，鮪魚部份也要輕灑小麥粉。

④將③放入高溫的炸油中，一面舀灑炸油至火候夠、脆再裝入盤中。

## 茶所搭配的茶葉蓮藕料理

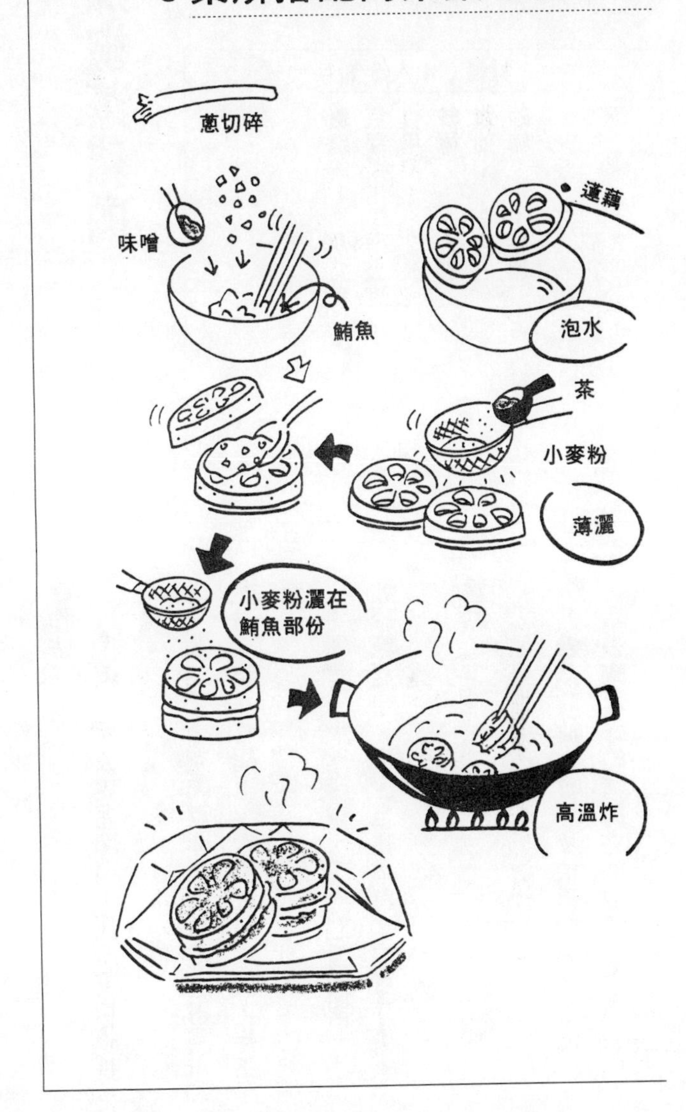

# 辣椒蒸豬肉

▶作法要訣　　豬肉配豆芽菜及茶。

**材料（4人份）**

豬腿肉……200公克
豆芽菜……200公克
食用茶……2公克
辣椒……1大匙
醬油……2大匙
砂糖……1小匙

●作法

①蒸二百公克豬腿肉，放冷後切成長方塊。

②二百公克的豆芽菜去鬚根，用開水燙過，裝在竹網上，輕輕瀝開水份，拌茶葉。

③將一大匙辣椒、二大匙醬油與一小匙砂糖混合，再配上豬肉與②的豆芽菜。

重點

如果怕豬肉腥味可這樣做。

●蒸時放入薑片及拍扁的蔥。

●剛蒸好的豬肉立刻泡於冰水中。

## 茶的清涼感與辣椒的刺激味給人爽快心情。

# 烤茄子

▶作法要訣　烤好、放涼後可吃得津津有味。要灑上茶葉及柴魚片。

材料（4人份）

茄子……8個
薑……1片
柴魚片……1包
醬油……適量
食用茶……6公克

## 應時的茄子最美味、加上茶則更美味

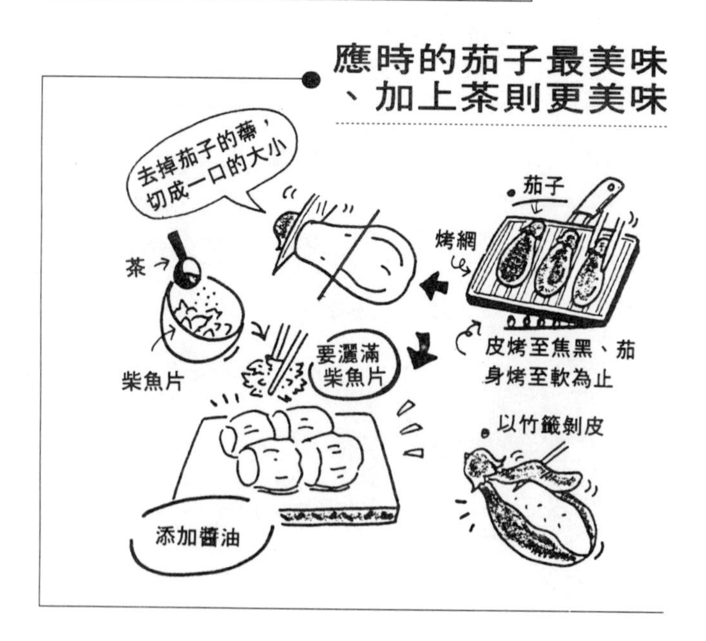

# 芝麻菠菜

**▶作法要訣**　茶葉與芝麻一起磨和。菠菜徹底絞乾。

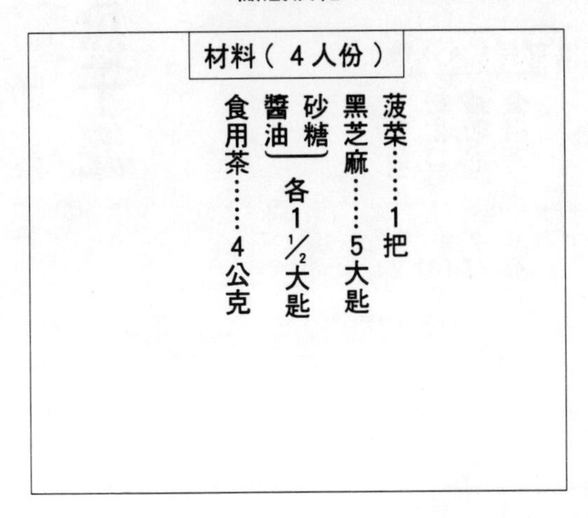

材料（４人份）

菠菜……1把
黑芝麻……5大匙
砂糖、醬油……各1½大匙
食用茶……4公克

## 脆綠菠菜與茶充滿健康味

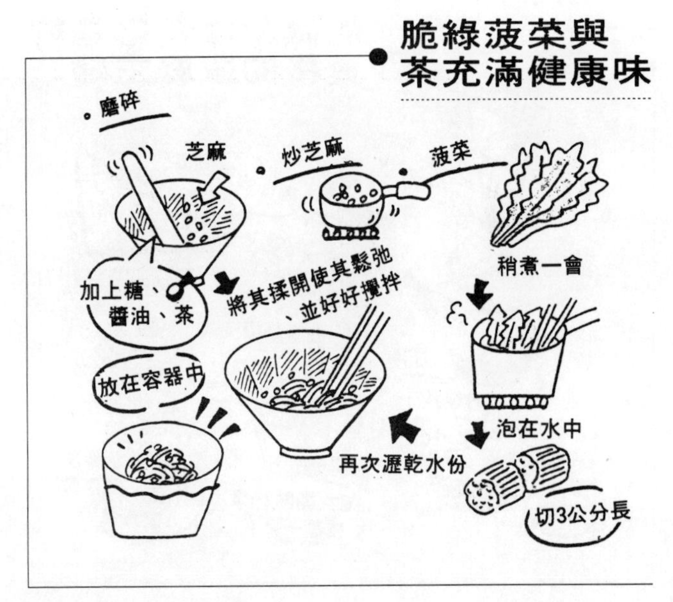

# 拌魚干泥

▶作法要訣　蘿蔔泥的水份要少些，以免茶葉被沖開。

材料（4人份）

竹筴魚干……2片
叢生口蘑……100公克
蘿蔔泥……2杯
食用茶……6公克

## ●能做此快餐已是夠資格的家庭主婦

# 甜牛蒡

▶作法要訣　要吃之前灑辣椒，炒芝麻及茶就又辣又香。

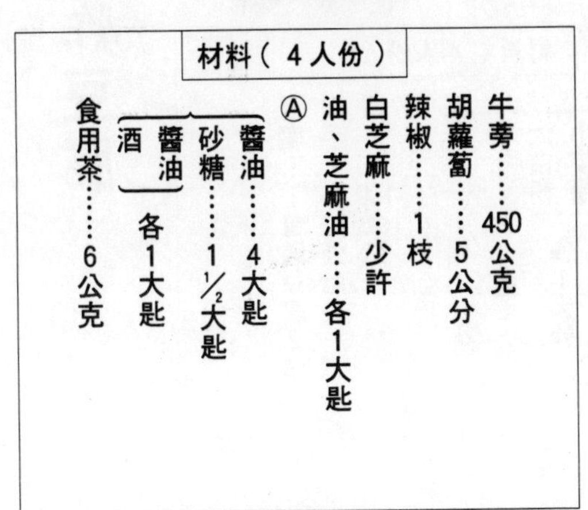

材料（４人份）

牛蒡……450公克
胡蘿蔔……5公分
辣椒……1枝
白芝麻……少許
Ⓐ 油、芝麻油……各1大匙
醬油……4大匙
砂糖……1½大匙
醬油、酒……各1大匙
食用茶……6公克

## ●這是最基本的家庭料理。我們可以加茶葉換口味

•牛蒡 切細條
泡水
•胡蘿蔔 切細條
牛蒡
油、芝麻油
紅辣椒
胡蘿蔔
水
醬油、糖、甜酒、酒
小火
紅辣椒
茶
芝麻
完成
最後改為大火煮熟

# 油炸豆腐

▶作法要訣　加茶的油炸豆腐是店裡買不到，親手做的快餐菜。

材料（４人份）

豆腐……普通豆腐２塊
山芋……80公克
蝦……100公克
Ⓐ蛋……１個
　鹽……$\frac{1}{2}$小匙
　太白粉、小麥粉　各１大匙
食用茶……６公克

●作法

①豆腐搗碎、蒸好、用布包、絞乾水份。

②蝦去殼及泥腸，再切塊。

③山芋去皮、用磨缽搗碎成泥，放入豆腐攪拌，再加Ⓐ混合。

④③加入蝦與茶拌和。手沾油分為十二等分，放入中溫炸油中。以中火炸脆至黃褐色。

## 雖然醬菜店賣的油豆腐也好，但自己偶爾可做看看

## 設想 I
## 飯類與食用茶

吃飯與喝茶是最簡單的飲食方法。但端賴你如何設想，可吃得更津津有味。

1.灑在剛煮好美味的白飯上。

2.茶與○○的灑料。

- 把茶與像海苔等市面上販賣的灑料混合。
- 把茶葉拌在魚蛋、柴魚片、芝麻及海苔中。

3.客飯類

- 把茶葉拌在豬排飯、炸蝦飯、雞蛋豬排飯、牛肉飯及魚蛋飯等，再加配料。
- 把茶葉拌在鮪魚生魚片上、拍鬆牛肉、再加上白飯。

4.稀飯、雜燴粥——吃之前加茶攪拌一下。

5.加在飯糰中。

6.將茶葉加在壽司中。

不論是和入江戶前壽司、家庭手卷、壽司都可以。

事先把茶葉與要灑在紅豆飯、糯米小豆飯等的芝麻拌和，就很方便。

## 設想 II
## 使用茶當佐料

令人意外沒有缺點的「食用茶」，與各種佐料加在一起也很適合，有獨創一格的美味。

1.七味辣椒＋食用茶

適於泡菜、烤肉、烤魚。或當麵類的佐料也可以。

2.蘿蔔泥＋食用茶

與鹹酥魚、煎魚配合感到味脆。

3.連同吃的茶、蔥、薑及大葉等，可當冰凍豆腐、牛肉爐等的佐料。

4.可當生魚片的配菜。要與蘿蔔泥好好配合。

5.將茶拌和於芥末泥，當生魚片的佐料。

6.將貝類蒸酒盛於盤子，再配茶葉。

7.灑在用調料煮的小魚、小蝦上就味脆可口。

8.納豆配茶，是最簡單、最合適的組合。

## 設想III
## 適於市集、攤販及庶民味之食用茶

雖然吃的茶可如海苔般使用，但若覺得茶葉太蓬鬆而不喜歡，可試試下面的吃法。

1.鐵板燒

4人份（8片份）、小麥粉3大匙、蛋一個、水2大匙，打碎成泥的地瓜一杯再加上2公克的茶就完成。你也可以將茶與自己喜好的配料一起攪和。

2.雞蛋糕

小麥粉100公克、蛋3個、煮汁400CC及一小撮的鹽為底料，再加上12公克的茶與其他配料，便可烤30個左右的雞蛋糕。吃的茶與其像海苔灑在上面，不如透過火候更好吃，所以可拌和在材料中試試。

3.私人燒

小麥粉一杯、煮汁3杯、醋2大匙，並連同碎雞肉、花枝等及10公克左右的茶，一起放入蓬鬆底料中。如此可做4～5人份的私人燒。此與鐵板燒不同的是，在鐵板上鏟平的底料，待四周霹靂啪啦熱了之後，即可用杓子舀起，開始準備吃。

PART Ⅱ

# 西洋料理

由簡單到獨創一格，凡是受歡迎的菜單應有盡有。

# 意大利乾酪飯

▶作法要訣　奶油、茶及乳酪的鹹味，釀出絕妙的和諧風味。

**材料（4人份）**

意大利乾酪……50公克
米……1½杯
湯……1公升
奶油……適量
茶……4公克

●作法

①鍋上火先融化奶油，米則事先洗淨置於竹網上，再放於鍋中加湯輕炒。用小瓢子攪拌，待米吸乾湯汁加入二杯份湯，又吸乾後再加湯。如此煮五、六分鐘。吃的時候感到米心稍硬的程度最好。

②從爐上拿下來，拌奶油及剛製好的意大利乾酪與茶。

## 香甜的米味，茶香最適切。

邊加湯邊煮
米
奶油
輕炒
湯
吃入嘴裡感到米心稍硬的程度
5～6分
從爐上拿下來
意大利乾酪
茶
奶油
攪拌一起就完成

# 咖哩炒飯

▶作法要訣　與添在一旁的白飯拌和最合適，為風味獨特的咖哩炒飯。

材料（4人份）

碎牛肉……300公克
大蒜、薑、葫蘿蔔……各1片
洋蔥……1個
葡萄乾……3大匙
番茄汁……1杯
湯精……1個
咖哩粉……2小匙
小麥粉……2大匙
Ⓐ番茄醬、葡萄酒……各3大匙
鹽……1小匙
奶油……適量

●作法

①將葫蘿蔔、洋蔥切細，葡萄乾則放入冷開水中泡一會兒，再瀝乾水份。

②用一大匙油炒大蒜、薑，再加入洋蔥，一直炒至透明為止。

③加上碎肉炒得更細，然後加一大匙奶油、小麥粉及咖哩粉炒香，後將飯鏟平澆上番茄汁。

④搗碎的湯精及Ⓐ調味，以小火煮十分鐘，再放入葡萄乾煮一會兒。

⑤添剛煮好的熱飯攪拌茶而成為茶飯。

## ●茶飯可與各種料理配合

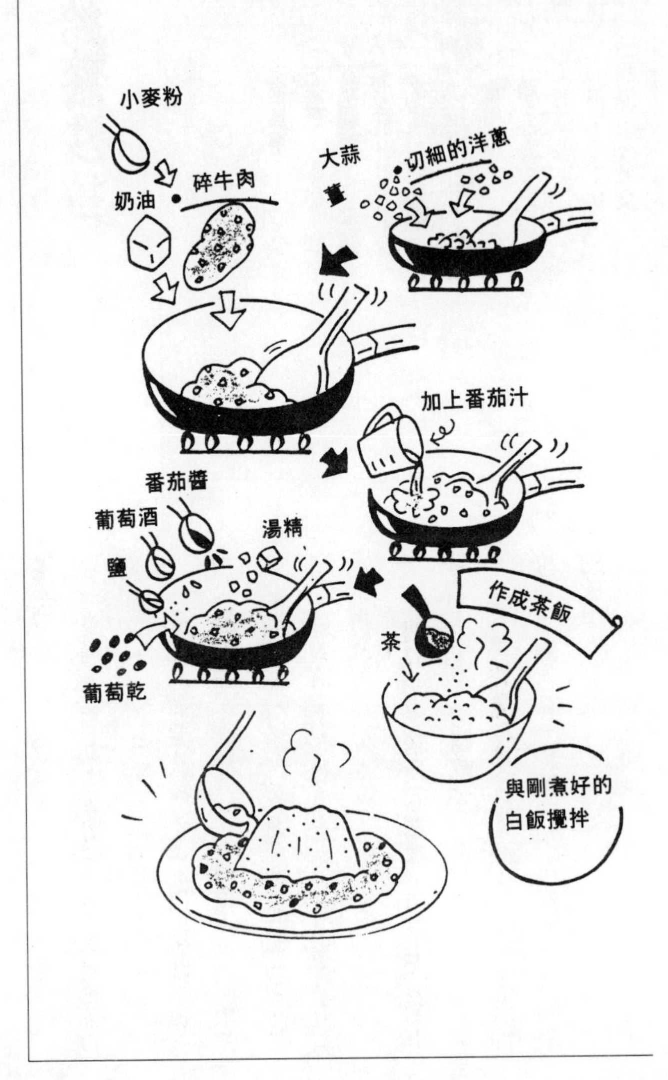

# 馬鈴薯沙拉

▶作法要訣　茶適合與沙拉醬搭配。馬鈴薯須完全冷卻再加。

**材料（4人份）**

馬鈴薯……500公克
洋蔥……小1個
葫蘿蔔……半個
小黃瓜……1枝
萵苣……適量
沙拉醬……5大匙
食用茶……8公克
鹽……$\frac{1}{2}$小匙

## ●作法

①洋蔥縱向切成四塊，並由芽的方向薄切。

②馬鈴薯要洗淨，連皮用保鮮膜包裹放入微波爐，加熱八～十分鐘，其間須將馬鈴薯翻過一次。之後趁熱剝皮搗碎。

③葫蘿蔔切成杏花型，加入鹽，用開水蒸再瀝乾水份。

④小黃瓜切成一小口大小，灑些鹽用手揉軟再絞乾水份。

⑤馬鈴薯放冷後加入①、③、④與沙拉醬、鹽、茶一起攪拌，再盛入萵苣舖底的碗中。

## 馬鈴薯與任何東西都合適，但尤其適合茶

# 通心麵沙拉

▶作法要訣　茶也要以蔬菜的感覺來吃。
先以佐料輕輕攪拌。

**材料（4人份）**

通心麵……200公克
洋蔥……小的半個
法國佐料……1大匙
（Franch Dressing）
小黃瓜……1枝
火腿……80～100公克
Ⓐ
沙拉醬……5大匙
芥末……2小匙
鹽……¼小匙
砂糖……½小匙
食用茶……4公克
番茄、沙拉菜……適量

●作法

①通心麵要放進加鹽的開水中。一直煮到可以吃的程度。待煮好放於竹網中，再灑上適量的油。

②洋蔥切片，加少許鹽再以布包起來於水中揉搓後絞緊。

③加②與通心粉攪拌，灑法國佐料事先調味。

④小黃瓜切成圈狀，火腿切成細絲，連同③與Ⓐ的材料攪拌。再加上茶攪拌一下。盛於碗中添上番茄、沙拉菜就完成。

## 我們要將茶多應用於各種沙拉上。

# 法國式黃油炸鱒魚

▶作法要訣　在鱒魚表面充份灑茶烤脆。

材料（4人份）

鱒魚……4尾
鹽、胡椒……各少許
小麥粉……適量
沙拉油……½大匙
奶油……½大匙
白葡萄酒……1大匙
食用茶……10公克
檸檬……適宜

●作法

①鱒魚要剝去魚鱗與黏膜，打開鰓蓋將鰓取出、拔取泥腸，以水洗淨再瀝乾水份。灑上鹽及胡椒擺放十五分鐘。

②擦乾鱒魚的水份，放魚腹部份灑茶，表面輕沾小麥粉。平底鍋以油、奶油加熱，魚表面向下並排煎。兩面都煎過便灑些白葡萄酒，再加蓋以小火煮二～三分鐘，後拿掉鍋蓋以大火燒脆，最後盛於盤中添上檸檬。

# 這樣稍具變化的料理茶也適合

鹽
胡椒
鱒魚
打開鰓蓋取出泥腸
擺上15分鐘
沾小麥粉
灑茶葉
白葡萄酒
添上檸檬
加上鍋蓋用小火煮2～3分

# 漢堡

▶作法要訣　添加茶的奶油，改放入青椒中烤也好吃。

**材料（4人份）**

碎肉……400公克
洋蔥……1個
麵包粉……⅔杯
牛乳……3大杯
食用茶……8公克
鹽……½小匙
肉荳蔻、胡椒……適量
番茄醬、蠔油醋、水……各2大匙

●作法

①洋蔥要切碎、炒軟、放涼。

②將碎肉、洋蔥及泡過牛乳的麵包粉、蛋一起攪拌，再加上二分之一小匙鹽、胡椒、肉荳蔻及茶，拌和至黏稠為止。

③各拿四分之一量，以兩手拋來拋去，除去多餘的空氣。

④手沾沙拉油，以手心將漢堡原料製成一・五公分厚的小橢圓形。

⑤平底鍋以沙拉油、奶油加熱，把漢堡並排使中央凹陷。

⑥搖晃平底鍋至煎出顏色、火候夠為止。煎至好約需十二～十三分鐘。

⑦在平底鍋的燒汁，加上番茄醬、蠔油醋及水各二大匙，一面攪拌、一面煮，製成醋再灑上。

## 為顧及孩子的健康這是很好的菜單。

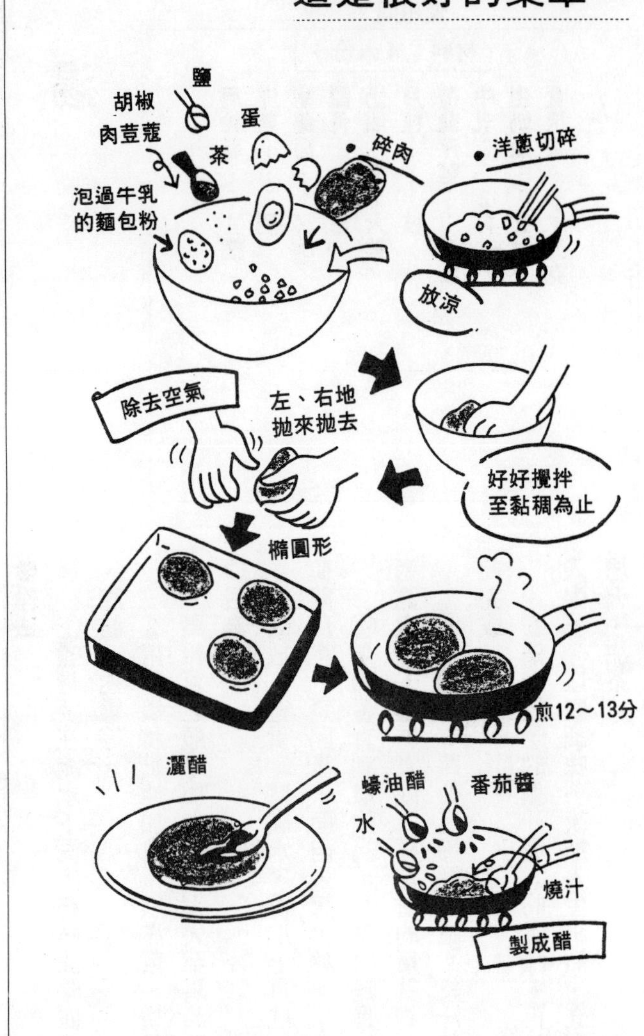

# 濃湯

▶作法要訣　煮好後連同生奶油、茶一起灑。與用荷蘭芹來裝飾的感覺相同。

材料（４人份）

- 馬鈴薯……４個
- 洋蔥……１個
- 胡蘿蔔……½個
- 雞骨……１隻
- 奶油……２大匙
- 月桂……１枝
- 荷蘭芹莖……２枝
- 牛乳……２杯
- 生奶油……½杯
- 食用茶……４公克

●作法

①雞骨要在流水下洗，務必洗淨血塊、脂肪、內臟等。

②用厚鍋將奶油加熱，以洋蔥、胡蘿蔔、馬鈴薯之順序加入，用大火至馬鈴薯炒透為止。

③放入雞骨、盛滿水，再加上月桂、荷蘭芹莖，煮開後一面舀去灰再熬。

④馬鈴薯直到燉軟為止，拿出雞骨、過濾煮汁。這時煮成二杯左右的量就夠。

⑤馬鈴薯等蔬菜用篩網過濾。漿汁就此完成。

⑥鍋中放④的煮汁與⑤的漿汁，再加入牛乳、以鹽調味，後加入生奶油、立刻熄火、加茶。

## 正宗奶油味的濃湯。色味極佳。

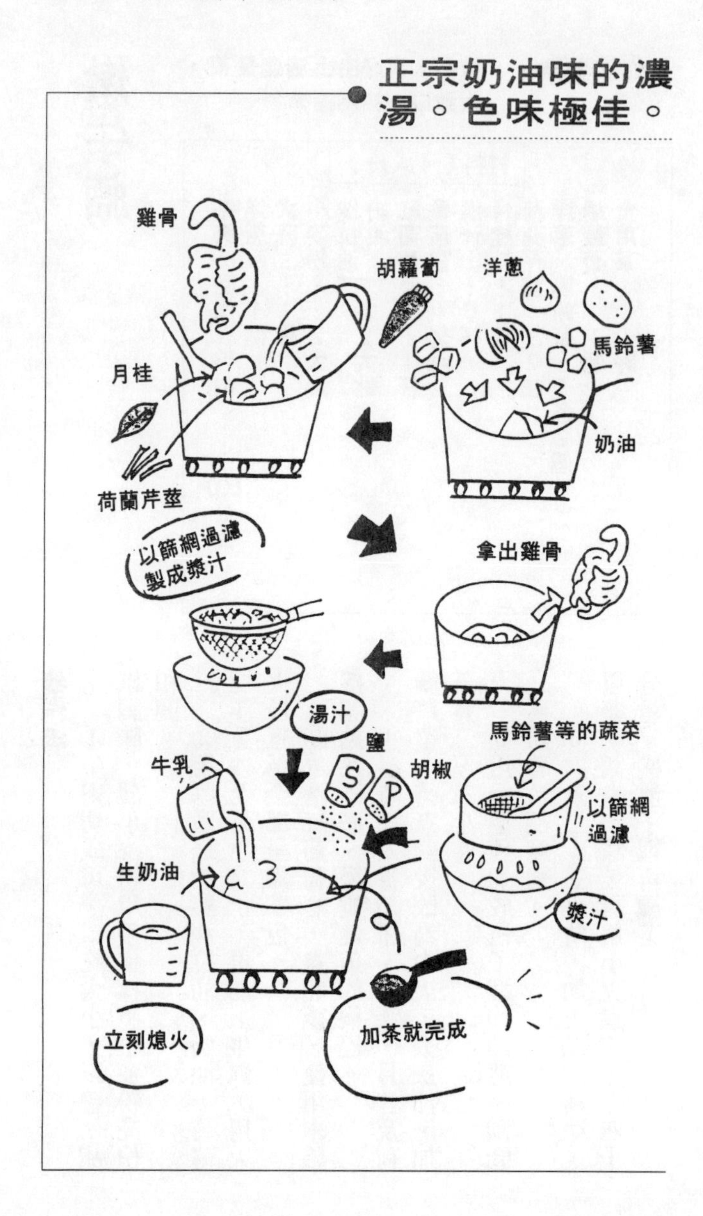

# 燉牛腩

▶作法要訣　依個人喜好由上灑適量茶。大致以一杯為標準。

**材料（４人份）**

牛腩（腿肉、碎肉）……600公克
洋蔥……1個
大蒜……1片
小麥粉……2大匙
沙拉油、奶油……各2大匙
紅葡萄酒……1杯
番茄醬……⅔杯
湯汁……6杯
月桂……1枝
荷蘭芹莖……2枝
洋蔥、馬鈴薯……各2個
胡蘿蔔……1個
食用茶……少許

●作法

①牛肉切成可一口吃大小，以鹽、胡椒調味，灑小麥粉用手搓揉將小麥粉充份和開。

②用厚底鍋加熱沙拉油、奶油，將薄切洋蔥炒至茶色為止，再加上牛肉，用大火炒直至全部呈深茶色。

③放進紅葡萄酒，煮開後，使用木瓢攢開黏在鍋底、鍋側燒焦的鍋巴。

④這時加入番茄醬、湯汁、月桂及荷蘭芹莖，待煮開後改為中火，去灰汁、加蓋煮二～三小時。

⑤用奶油炒切成梳子型的洋蔥、刮圓之馬鈴薯及胡蘿蔔。

⑥肉煮二～三小時，加上⑤的蔬菜，以鹽、胡椒調味，再用小火煮三十～四十分鐘。盛盤子裡再灑茶。

## 家常可口燉牛肉，要以紅葡萄酒配合

# 蟹油炸肉餅

▶作法要訣　混和螃蟹罐頭的汁、番茄醬及生奶油製成醋。

**材料（4人份）**

螃蟹罐頭……1罐
洋蔥……½個
洋菇……4個
奶油白醬汁（Wite Sauce）
　奶油……50公克
　小麥粉……60公克
　牛乳……3杯
食用茶……6～8公克
蛋……1個
小麥粉、麵包粉……各適宜
炸油

●作法

①好好攪拌柔軟的奶油與小麥粉，此外一面澆入些許加溫牛乳，另一方面以打蛋器拌和，然後再把二者全部混和上火攪拌。

②以木瓢慢慢攪動，待煮出漂亮顏色再以鹽、胡椒調味。

③以少量奶油合炒切碎的洋蔥、洋菇。這時加上去軟骨、瀝乾汁的螃蟹。

④攪拌奶油白醬汁、配料、茶，放入磁盤分為八等份，再放進冷藏庫冰硬，形成長方形。

⑤以小麥粉、打蛋、麵包粉的順序沾麵衣。

⑥放入一七〇～一八〇度的油中炸，待它浮上來，表面開始呈現顏色，再慢慢翻過來，一直炸至變黃褐色為止。

## 加茶葉的奶油白醬汁用途廣泛。

# 包心菜捲

▶作法要訣　包心菜捲與番茄汁、奶油白醬汁都極適合。

材料（4人份）

包心菜……8片
碎肉……250公克
洋蔥……½個
蛋……1個
食用茶……6公克
Ⓐ｛鹽……½小匙
　麵包粉……½杯｝
湯精……1個
鹽
胡椒｝適量

●作法

①包心菜要蒸柔，放平於竹網上、再削去菜心。

②洋蔥要切細，以二分之一匙植物油炒好、放冷。

③攪拌碎肉直至出現黏度為止，加上②的洋蔥、打一個蛋，放入茶和Ⓐ混合，八等分後個別放在包心菜上捲起來，然後把捲端朝下放入鍋中。

④把③放進泡過湯精的水中，加蓋上火。煮開後改小火煮、去灰汁，以二分之一小匙鹽、胡椒調味，煮十四～十五分鐘。

要點

放入碗中以後，可添加一些番茄醬。

熱騰騰色、味俱佳的包心菜捲最能令人產生暖意。

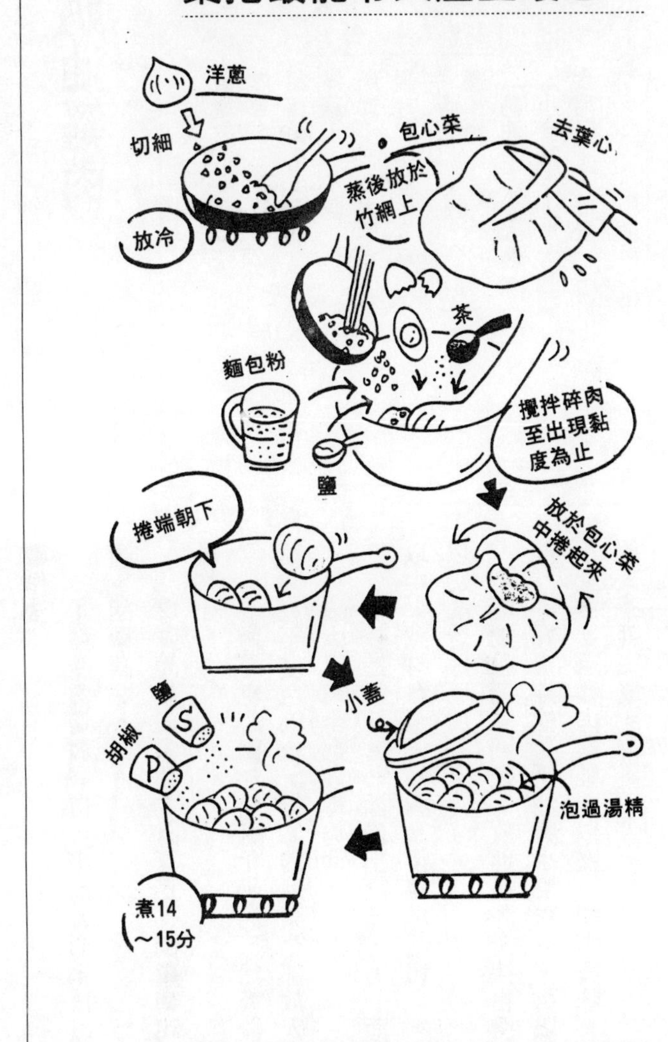

# 燉奶油雞肉

▶作法要訣　只要使用奶油、小麥粉就可使攪拌物輕易煮鬆雞肉。

材料（４人份）

雞腿肉……400公克
洋蔥……１個
胡蘿蔔……１個
洋菇……４個
奶油……２大匙
湯汁……２～３杯
牛乳……２杯
攪拌物
｛奶油……２大匙
　小麥粉……３大匙
食用茶……適量

●作法

①雞腿肉切成一口大小稍大形。再以鹽、胡椒調味。

②洋蔥切成八片的月牙形。胡蘿蔔可亂切。

③將厚點心鍋加熱融化奶油，然後炒雞肉直至變色為止，把②的蔬菜全部放入，再以大火將全部炒得夠油。

④放進湯汁，一面舀出灰汁，另一面以中火煮材料至火候夠。再將洋菇切半，以奶油炒好、加入。

⑤加牛乳煮開後，放進些許攪拌物攪拌（好好攪拌軟化奶油與小麥粉），再以小火煮。至雞肉鬆弛，以鹽、胡椒調味，放入茶就完成。

## 天氣變寒冷怕受風寒，吃茶葉燉雞最好。

# 意大利麵

▶作法要訣　意大利麵一般加上紫蘇，現在減少紫蘇的量改以茶葉代替，做成「茶葉意大利麵」。

材料（４人份）

意大利麵（細條）……360公克
紫蘇（生紫蘇）……20公克
食用茶……8公克
荷蘭芹葉……1大匙
大蒜……1大片
橄欖油……2大匙
鹽
胡椒 ｝各適量

●作法

①洗淨紫蘇、荷蘭芹，然後放於乾布上擦去水份，切粗混合一塊兒。

②拍碎大蒜，並以刀背拍細。待水開了後，放進充分的鹽及意大利麵開始煮。

③平底鍋裡放進豬油、上火，再爆香大蒜。然後加入三分之一杯意大利麵煮汁，再以鹽、胡椒調味。

④意大利麵煮好後，放於竹簍中充份瀝乾水份。將切細的香草與茶放入平底鍋中拌和，再加上意大利麵快速拌炒。

## 茶葉成為新調味料行列
## ◦最適合做成茶糊◦

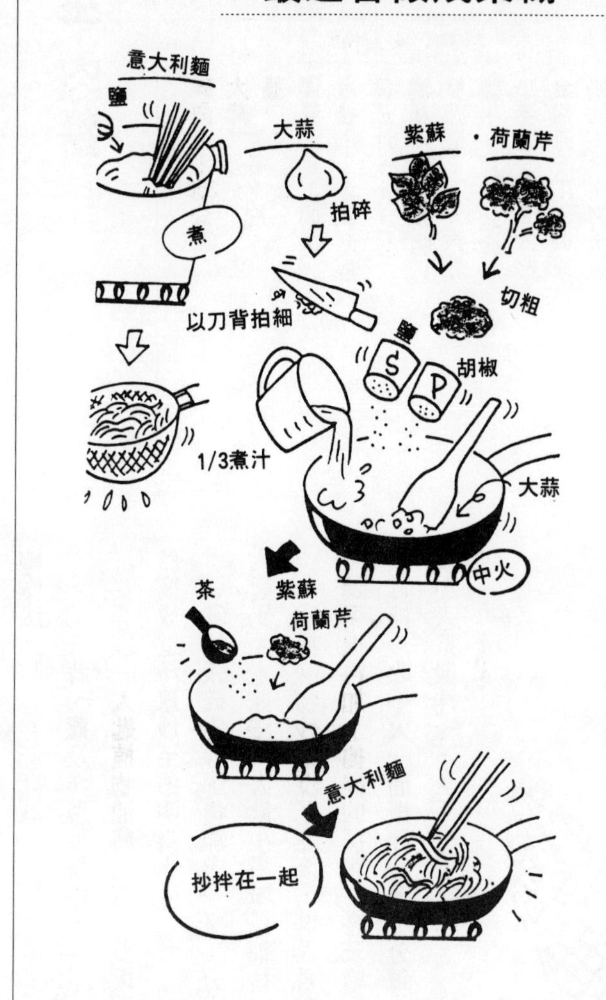

# 碎牛肉醬

▶作法要訣　茶葉不要煮太久，火候夠立刻盛起來吃最可口。

材料（4人份）

碎肉……250公克
大蒜、薑……各1片
洋蔥……1個
月桂……1枝
番茄汁……1杯
湯精……1個
番茄醬……4大匙
鹽……½小匙
小麥粉……3大匙
食用茶……4公克
奶油……1½大匙

●作法

①大蒜、薑及洋蔥要切細。

②以一大匙植物油將大蒜、薑爆香，然後放進洋蔥炒至透明為止。

③加入碎肉炒，再加上一又二分之一大匙奶油，並灑三大匙小麥粉仔細炒。

④粉狀物炒到沒了之後，倒入番茄汁，鏟平後再加上搗碎的湯精、番茄醬、鹽及月桂，改小火一面攪拌地煮十分鐘。最後加入茶攪拌一下。

## 小孩喜歡的快餐跟土司也搭配。

# 大蒜意大利麵配洋菇

▶作法要訣　以意大利麵煮汁調味。鹽多放些。

**材料（4人份）**

- 意大利麵（細條）……360公克
- 叢生口蘑……2袋
- 大蒜……1小片
- 紅辣椒……3枝
- 橄欖油……3大匙
- 鹽……適量
- 食用茶……4公克

●作法

①叢生口蘑要切落蒂，分成一小撮。以水洗再瀝乾水份。大蒜連皮以刀背敲碎、切片。紅辣椒去子切成二～三段。

②水煮開放進鹽、意大利麵開始煮。

③平底鍋中倒入植物油，放大蒜炒至出現顏色，再加上紅辣椒炒一下。

④加進叢生口蘑改以大火炒香。灑二分之一小匙的鹽及三分之一杯意大利麵的煮汁。

⑤意大利麵煮好後，放竹簍裡充份瀝乾汁，再放入④中灑茶。然後以筷子和瓢子快速拌和全體，盛於盤子中灑上一些茶葉。

# 雖然簡單卻可令人滿足。色味俱佳。

紅辣椒
去子
切成2～3塊
大蒜
敲碎
大蒜
切細
叢生口蘑
去蒂
意大利麵
鹽
鹽
加入1/3煮汁
放入竹簍中
茶
灑上茶
就完成

# 蛤仔麵

▶作法要訣　茶可去除魚貝類的生腥味。

**材料（4人份）**

意大利麵……360公克
蛤仔（有殼）……600公克
大蒜……1片
紅辣椒……1大枝
橄欖油……½大匙
沙丁魚……1片
白葡萄酒……2大匙
鹽……適量
食用茶……1～2公克

●作法

①蛤仔泡在與海水相當程度的鹽水中吐砂後，揉搓殼洗淨。

②大蒜連皮以刀背壓住敲碎，除去皮。紅辣椒去子切成三～四公釐的圈狀。沙丁魚切細。待水開後放進鹽、意大利麵開始煮。

③另一個鍋子中倒入植物油上火，將大蒜爆香。再加入紅辣椒炒一下。

④加入蛤仔、白葡萄酒，並加蓋上火且前後搖晃鍋子，蒸、煮3分鐘，等蛤仔開口，加些許鹽調味。

⑤意大利麵煮好後，放進簍子裡充分瀝乾水份，再加入蛤仔的鍋子中炒拌一下，便盛於盤中灑上茶。

灑茶並配烤好的大蒜麵包。

## 設想IV
### 新鮮美味，茶味佐料

放入茶就成為鮮美佐料。

但茶長時間浸於醋中會變色甚至使成份變化，而無法善加儲存。

1.南島佐料＋茶

一杯沙拉醬、洋蔥、小黃瓜、荷蘭芹及青椒切細各一大匙，配一小匙番茄醬，再加入2公克（乃一湯匙）食用茶。

2.法國佐料＋茶

一杯以7比3之比例配的沙拉油與醋的調味料，以起泡器將一小匙芥末、半大匙鹽、一小匙胡椒、一大匙糖及2公克食用茶全部一起攪拌。結果可製成稍帶綠色的佐料。

3.意大利佐料＋茶

把些許茶加入3大匙橄欖油、3大匙醋、1小匙鹽、黑胡椒（粗椒）及少許紫蘇（乾燥的就行）中，就成為芳香美味的佐料。

PART Ⅲ

# 中式料理

中國菜的特色是不必花太多時間很快就能做好，且營養豐富，大家熟悉的中國菜本書應有盡有。

# 什錦炒飯

▶作法要訣　主婦的午餐大多製作簡單，現在我們要以茶取得營養。

材料（４人份）

冷飯……茶杯４杯份
蛋……２個
食用茶……４公克
燒豬肉……３片
火腿……２片
蝦仁……12尾
洋菇……10個
蔥……１枝
豬油……５大匙
食用茶……６公克

●作法

①將燒豬肉、火腿切成細塊，洋菇切為細片。蔥切細。

②蝦灑酒、鹽各少許炒一下。

③燙鍋中放入五～六匙豬油、茶及打好的蛋炒拌，再放進攪鬆的白飯與酒一大匙。

④一面炒飯，一面依序加配料，最後放入切好的蔥炒香，然後加鹽、胡椒各一～一・五小匙及六公克茶，炒拌後完成。

## 用大火快炒。
## 茶也要新鮮的。

# 什錦麵

▶作法要訣　用蠔油調味。但現在則不灑海苔改灑茶。

材料（4人份）

中式煮麵……4束
豬肉……100公克
豆芽菜……100公克
香菇……3個
韭菜……½束
包心菜……2片
蔥……1枝
蠔油……1大匙
食用茶……8公克

●作法

①以二大匙植物油加熱，放入切成方塊的豬肉、蔬菜，並用各一小匙的鹽、醬油及一大匙酒調味炒一下，再以盤子盛起。

②將一～二匙醬油澆在攪鬆的麵上，再加二大匙油炒一下，並放入蠔油與①的配料及茶一塊炒拌。

## 加入茶葉當麵屑也可以。

# 中式玉米湯

▶作法要訣　茶加入湯汁中時要先攪拌，避免沈鍋底。

材料（４人份）

玉米（奶油型）……１大罐
中菜湯汁（高湯）……５杯
蛋……１個
食用茶……４公克
酒……１大匙
鹽……２小匙
太白粉……少許

●作法

①玉米放進鍋中，再倒入中菜湯汁（高湯），再攪拌使玉米平舖鍋裡煮好。

②以酒、二小匙鹽調味，再加水及太白粉勾芡。

③在打好的蛋中加茶，以湯匙澆於湯裡再灑胡椒。

## 甜味十足且味醇的玉米湯。

# 燒賣

▶作法要訣　茶可加入蒸籠中放入配料裡，或快蒸好前灑上。

**材料（4人份）**

燒賣皮……1袋（24片）
蝦米……2大匙
碎豬肉……250公克
生香菇……2個
Ⓐ
- 砂糖……1大匙
- 酒……$\frac{1}{2}$大匙
- 鹽……1小匙
- 芝麻……$\frac{1}{2}$小匙
- 胡椒
- 各種調味料（各自選）

胡椒、各種調味料……各少許
食用茶……10公克

●作法

①洋蔥切細，灑二大匙太白粉拌和。
②將蝦米泡開水中，使其軟化大略切細。
③碗中放碎肉，將①與②放進攪拌，並放加茶的Ⓐ調味料，好好攪拌再以燒賣皮包起來。
④把燒賣放在擦過油的竹蒸籠裡，並在熱氣下蒸六～七分。

●不知不覺使人變健康。

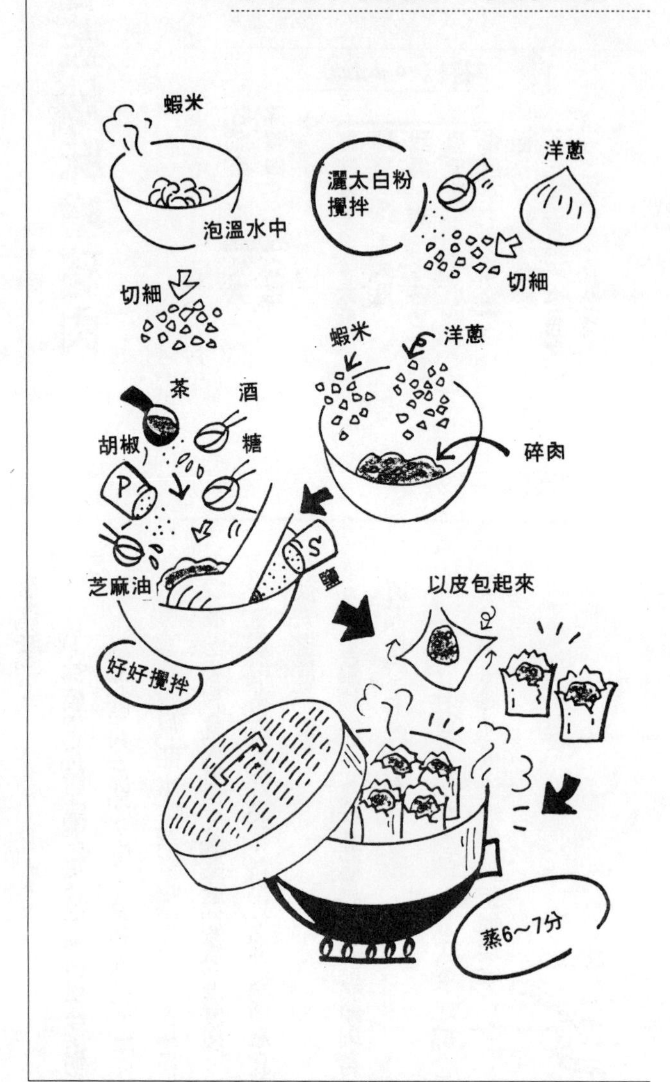
蝦米
泡溫水中
切細
灑太白粉
攪拌
洋蔥
切細
蝦米
洋蔥
碎肉
茶
酒
胡椒
糖
芝麻油
鹽
好好攪拌
以皮包起來
蒸6～7分

# 甘藍炒味噌豬肉

▶作法要訣　　混合味噌裡加茶，輕輕攪拌。

**材料（4人份）**

甘藍菜……600公克
碎豬肉……250公克
Ⓐ
紅味噌……4大匙
砂糖……1大匙
甜酒、酒……各2大匙
豆瓣醬……1小匙
食用茶……6公克
油……1½大匙

●作法

①甘藍菜要切成方塊狀，青椒去子切碎。

②豬肉放開水中蒸至變色時，去除多餘油份，瀝乾水份，將長度切成三等份。

③把茶放進Ⓐ調味料中，將味噌融化後先擺放一邊。

④加熱鍋子、放進植物油先炒豬肉再加入甘藍菜，以大火合炒。

⑤在甘藍菜快炒軟前，放入③之綜合味噌調味料，很快地將整個調味。

## 雖然中國菜較油膩，但放進茶後便可安心。

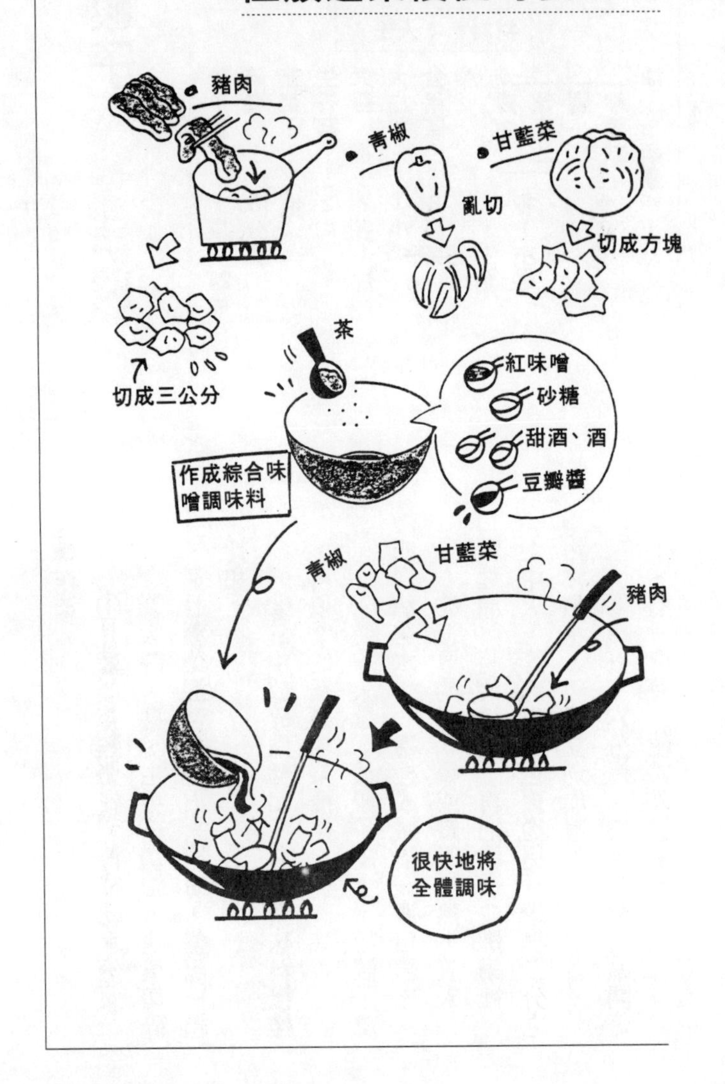

# 煎餃子

▶作法要訣　餃子餡先好好攪拌再煎，就可成為很美味的蒸餃。

材料（4人份）

餃子皮……1袋（24片）
碎豬肉……150公克
韭菜……½把
生香菇……2片
大蒜、薑……各1片
太白粉……1小匙
食用茶……6公克
Ⓐ
醬油、芝麻油……各1小匙
鹽、砂糖……各½小匙
油……適量

●作法

①甘藍菜蒸熟切細，再絞乾水份。

②大蒜、薑、生香菇切細，韭菜切碎，與甘藍菜混合再灑上太白粉，整個一起拌和。

③碗中放碎肉揉和，以Ⓐ調味料攪拌，再以②的蔬菜加茶攪拌。

④將一大匙③放餃子皮上，於餃子皮四周沾些水，一邊捏成皺摺一邊包起來。

⑤把厚的平底鍋或鐵鍋加熱，放入二大匙油，將油燒熱，再把餃子並排鍋裡、上中火，等煎出顏色再從另一端澆二分之一杯熱水，然後立刻加蓋。

⑥煎五～六分鐘，待水蒸發再拿開蓋子，煎一會兒，便盛入盤子裡。

● 基本上煎至皮脆餡熱。

韭菜
香菇
薑
大蒜
甘藍菜
切細
切碎
全體灑
太白粉
碎肉
醬油
芝麻油
鹽
糖
蔬菜
茶
好好混合
在皮四周沾水
餡
完成
捏成皺摺
一面捏成皺摺，
一面包起來
煎5～6分鐘

# 青椒炒牛肉絲

▶作法要訣　基本上炒菜須眼明手快。茶以最後再加上為原則。

材料（４人份）

青椒……６～７個
竹筍……100公克
薄切牛肉……200公克
食用茶……４公克
Ⓐ 醬油、甜酒……各２大匙
砂糖……１小匙
酒……１大匙

●作法

①青椒縱向切成二半，去子和蒂，再縱向切細。竹筍也排齊切成細條。

②牛肉要切細，以半大匙醬油攪拌，再灑些太白粉拌和。

③鍋子加熱，放進植物油使整個鍋子變熱，牛肉揉鬆放入鍋子清炒一下。

④待牛肉顏色改變再加竹筍炒一下，後加入Ⓐ調味料炒一～二分鐘。

⑤整個調味後，加青椒及茶炒一下，再盛於盤子裡。

## 青椒與茶的鮮綠色可增加食慾。

# 豬肝炒韭菜

▶作法要訣　假如不喜歡吃豬肝的人，可以在太白粉裡加茶拌和試試看。

**材料（4人份）**

薄切豬肝……300公克
豆芽菜……200公克
韭菜……1把
Ⓐ｛醬油……2大匙
　｛薑汁……1小匙
太白粉……2大匙
食用茶……10公克
鹽……½小匙
油、牛乳……適量

●作法

①豬肝要泡在牛乳中十分鐘左右，然後洗淨再以紙張擦乾水份。

②放入豬肝及Ⓐ將全體調味，然後以太白粉拌和，再擺放二～三十分鐘。

③豆芽菜洗好、瀝乾水份，而韭菜洗好則切為長條。

④在加熱的鍋裡放二大匙油，待鍋子熱了後放進豬肝炒三～四分至火候夠為止再將豬肝鏟起。

⑤很快洗鍋並擦乾水份，再上火，加一又二分之一大匙油加熱，放入豆芽菜清炒，灑鹽及茶調味。

⑥油份融合後再放進韭菜拌和，然後把盛出的豬肝再放回鍋裡，很快炒和，而待韭菜的綠更鮮艷時就關火，立刻盛入器皿中。

## 當爸爸顯得無精打采，不妨煮這道營養豐富的快餐給他吃！

# 甜醋丸

▶作法要訣　假如喜歡茶味就在湯汁中放些茶。

**材料（4人份）**

碎肉……300公克
洋蔥……½個
蛋……1個
麵包粉……⅓杯
鹽……½小匙
胡椒……少許
食用茶……8公克
Ⓐ
醬油……4大匙
砂糖……2大匙
甜酒
酒　各1大匙
太白粉……適量

●作法

①洋蔥切碎，以二分之一大匙的油炒熱再放涼。

②碎肉放入碗中以手攪拌至黏稠狀，放入①與蛋、太白粉、鹽、胡椒及茶攪拌，再放為十六等份的肉丸。

③炸油加熱至一八〇度左右，將②一一滑入鍋裡，全部放進後慢慢上大火炸二分鐘，待表面炸出顏色為止。

④鍋裡放Ⓐ調味料與二杯水拌和，再加入肉丸、上火。煮開後改為小火煮六～七分鐘使其入味。

⑤以倍量水泡太白粉，並一面攪拌④，一面看火候，然後慢慢放入，待有些稠味再以湯汁調味。

⑥以容器裝肉丸，然後在肉丸上面灑些蔥。

## 煮好的肉丸咬在嘴裡很脆、有獨特味道。

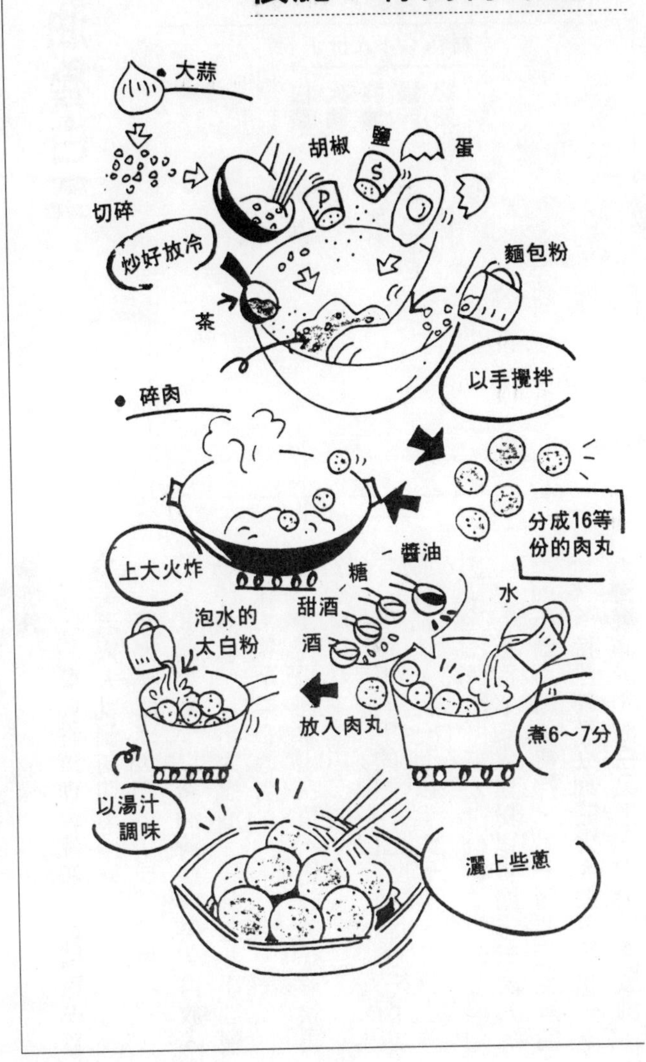

# 奶油魯白菜

▶作法要訣　這是可簡單煮出的道地中華菜，在純白奶油中稀疏地灑上綠茶。

**材料（4人份）**

白菜……6～8片
火腿……2片
豬油……3大匙
湯汁……二・五杯
奶油……1杯

●作法

①白菜要在流理台洗淨，切掉根與葉尖，若太大就側向切半。

②火腿切碎。

③鍋加熱，以豬油清炒白菜，再放入湯汁煮軟，以半大匙酒、二分之一小匙鹽調味，煮至菜心透明。

④從鍋裡拿出白菜，切成美好形狀再放容器中。

⑤鍋裡剩下的煮汁加上奶油，一面以湯匙試味，再一面以半大匙酒、二分之一小匙鹽調味。

⑥把泡水的太白粉以畫圈方式澆入，一面不斷用勺子攪拌，另一面要完全煮開一次。待已勾芡立刻關火、加茶拌和一下，再灑滿於④的白菜上，中央以②裝飾。

## 中式風味的奶油魯白菜也是很好的下酒菜。

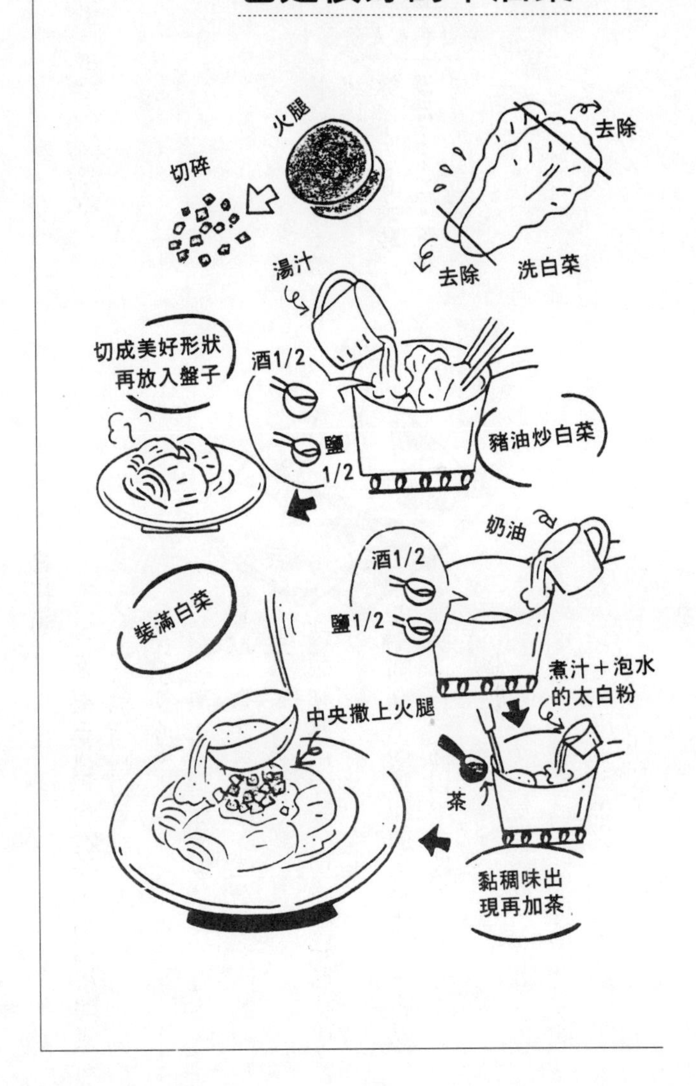

# PART Ⅳ 點心篇

無論西式、中式點心都可使用茶。你可意外發現更美味。

# 茶葉冰淇淋

▶作法要訣　與抹茶冰顏色不同，是淺綠色冰淇淋。

材料（４人份）

精糖……75公克
水……100cc
生奶油……400cc
蛋黃……3個雞蛋份
香草精……少許
食用茶……10公克

●作法

①小鍋子中放入精糖與適量的水，上火。而煮溶精糖後，繼續煮一～二分，製成糖汁。

②碗中放入蛋黃與香草精拌和。然後趁熱將①糖汁一點點加入，以打蛋器仔細攪拌。

③用別的碗裝生奶油，再加入茶，以手動攪拌器打至生奶油半起泡為止。如此即為淺綠色奶油。然後將其加入②中，使用湯匙平均攪拌。再盛於平盤，放入冷凍庫一～二個小時使其結凍。

④待糖汁外形凍成刨冰狀後拿出，上下倒翻將全體拌和，再放回冷凍庫凍硬。

## 嚐一下就知道新的美味！先試試。

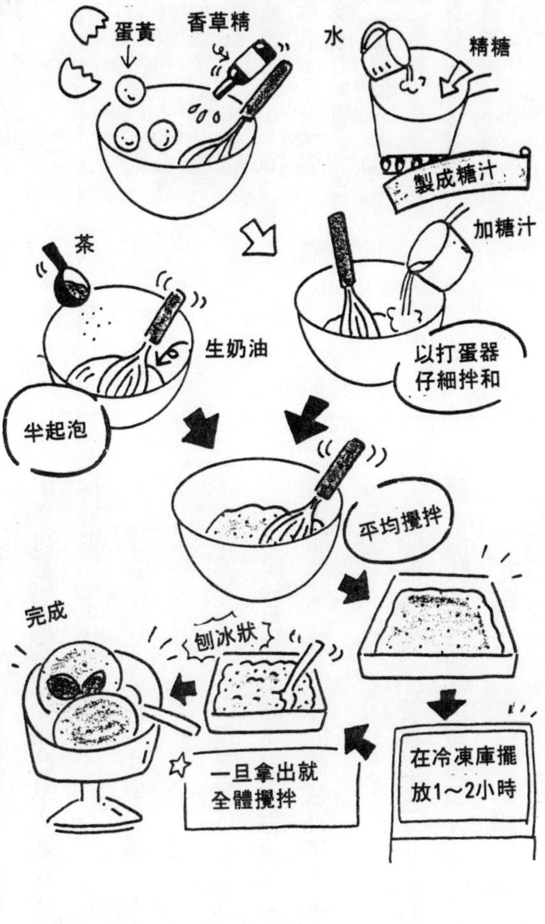

# 圓餅

▶作法要訣　將茶葉混入材料中並製成糕狀的健康圓餅。最適合早上吃。

材料（4人份）

小麥粉……250公克
粉糖……40公克
烤粉……2.5小匙
無鹽奶油……100公克
牛乳……2大匙
蛋……1個
生奶油……100cc
砂糖……1大匙
草莓醬……適量
食用茶……8公克

●作法

①將小麥粉、粉糖及烤粉一起放入碗中。再把奶油切成小塊也放入碗中，一面捏碎並以手攪拌。

②在①中加入蛋、牛乳及茶一起攪拌。

③將②十二等分用手揉成小球狀。

④將搓好的小球排於鐵盤上，並放入事先加熱至一七〇度的烤爐裡烤十五～二十分鐘。

⑤把烤好的小圓餅放盤子上，再加上糖、泡狀的生奶油及草莓醬。

## 配熱奶茶一起食用，是很好的點心。

# 芝麻仙貝

▶作法要訣　仙貝表面上灑茶再烤。若出現苦味就要不得。

**材料（４人份）**

高筋麵粉……80公克
低筋麵粉……100公克
白芝麻……25公克
砂糖……40公克
鹽……1小匙
食用茶……6公克

●作法

①乾碗中放進高筋麵粉、低筋麵粉、白芝麻、砂糖及鹽攪拌。然後澆入七十cc的溫開水以筷子拌和。當粉變成話梅左右的大小，就以手握緊，用力搓揉十分鐘。假如碗裡剩芝麻及粉時，就用手心沾手繼續捏即可，並搓捏成一團。最後則加入茶再搓揉一下。

②把此材料分成二半，並搓成直徑四公分的棒狀，以鋁薄包好，最少擺放一小時。

③將此材料切成五公釐的圈狀，並鋪在板上，以麵桿擀成葉型。

④放入低溫（一六〇度左右）的油鍋中，待四周呈黃褐色就從鍋裡取出，放在吸油紙上。假如沒取出全部就會變色，就會被餘熱炸焦出現苦味。

## 親子一起做手製仙貝。

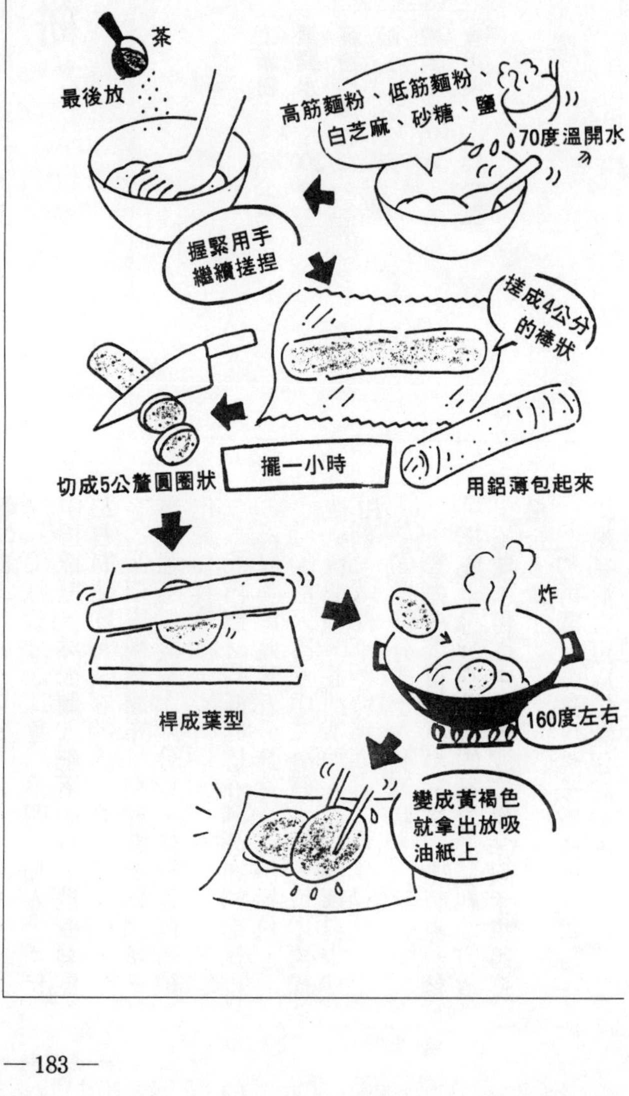

高筋麵粉、低筋麵粉、
白芝麻、砂糖、鹽
70度溫開水
茶
最後放
握緊用手
繼續搓捏
搓成4公分
的棒狀
用鋁薄包起來
擺一小時
切成5公釐圓圈狀
桿成葉型
炸
160度左右
變成黃褐色
就拿出放吸
油紙上

# 柏葉餅

▶作法要訣　茶葉要放入材料中時，務必去熱後再放入。

材料（16個份）

上新粉……250公克
溫開水……200 cc
藕粉（溶於20 cc水）……10公克
餡……320公克
柏葉……16片
食用茶……12公克

●作法

①將三分之二量的溫開水加入上新粉中再搓捏，然後倒入剩下的水，捏成耳垂左右的硬度。

②蒸籠裡敷溼布，把材料撕碎並排，再以強蒸氣蒸五～六分鐘，然後連同布取出充份揉軟。

③再把材料撕碎排在舖溼布的蒸籠裡，再以強蒸氣蒸五分鐘然後充份揉軟。

④泡入冷水中二分鐘去熱，取出再揉使材料調和，並把茶加入泡水的藕粉中拌和。

⑤把餡分成十六個圓狀。

⑥先洗手再把材料分成二十公克一個，擀成十二×八公分的長方形並在前方放上餡球，再從中央折成二半，以手指將邊壓合。

⑦再蒸七分鐘，然後放溼布上置涼。待熱氣消失再以柏葉包起來。

## 盼望孩子健康，端午節最適合吃柏葉餅。

# 櫻花餅

▶作法要訣　外觀軟綿綿的和式點心，小心烤焦餡及茶。

材料（15個份）

低筋麵粉……100公克
上等白糖……60公克
糯米粉……15公克
水……120cc
餡……450公克
醃漬櫻花葉……15片
食用茶……6公克

●作法

①糯米粉放入碗中並泡少量的水。

②以粗孔篩網篩上等白糖，再加入①中。

③使用細孔篩網篩低筋麵粉，並加入②中，再以起泡器拌和後就原狀擺放二十分鐘，然後放茶進去攪拌。

④鐵板加熱，澆入植物油以備用。

⑤火候改小，使用湯匙舀點心料，放鐵板使點心料烤成長方形，但不要烤出顏色。

⑥表面烤乾後，反過來再烤，然後以竹網捲取。

⑦皮放冷後，以竹勺子舀三十公克餡卷起來。

⑧用醃漬櫻花葉捲起來就完成。

## 偶爾也享受午後品茗之樂！

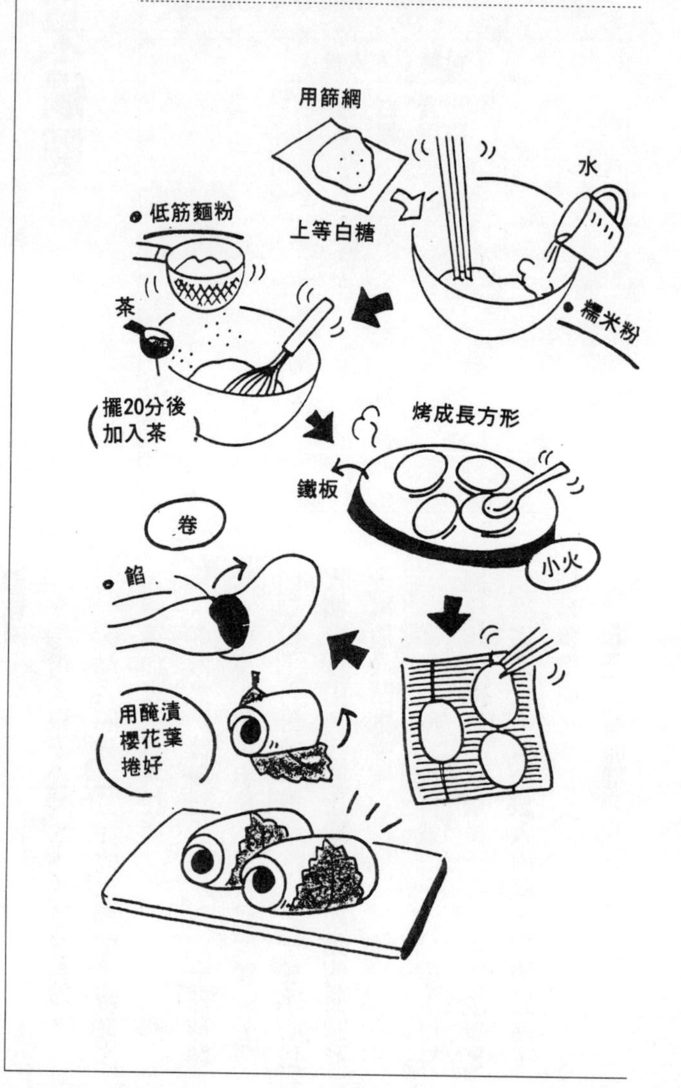

# 糯米湯圓

▶作法要訣　蒸過的糯米以冷水去熱。若放進冷藏庫會變硬須注意。

**材料（4人份）**

糯米粉……1.5杯
白糖……適量
食用茶……4公克

●作法

①用大鍋子燒開水（八杯左右）。

②加入四分之三杯的水與糯米粉搓揉，然後加入茶再次搓揉。

③水煮開後保持大火，放進一球球糯米。但事先將糖餡球（或自己變換）分成四等份，再分一半即拿八分之一於手心包入糯米球中，搓成比球形稍細長的橢圓形，再放入開水中。

④全部放入後再煮二～三分鐘，用竹篩舀起、泡水，水須換三次，直到飯糰整個冷透為止。假如放入冷藏庫強迫變冷，糯米會變硬。

⑤灑白糖而吃。

## 味美的糯米飯糰、簡單地吃最好。

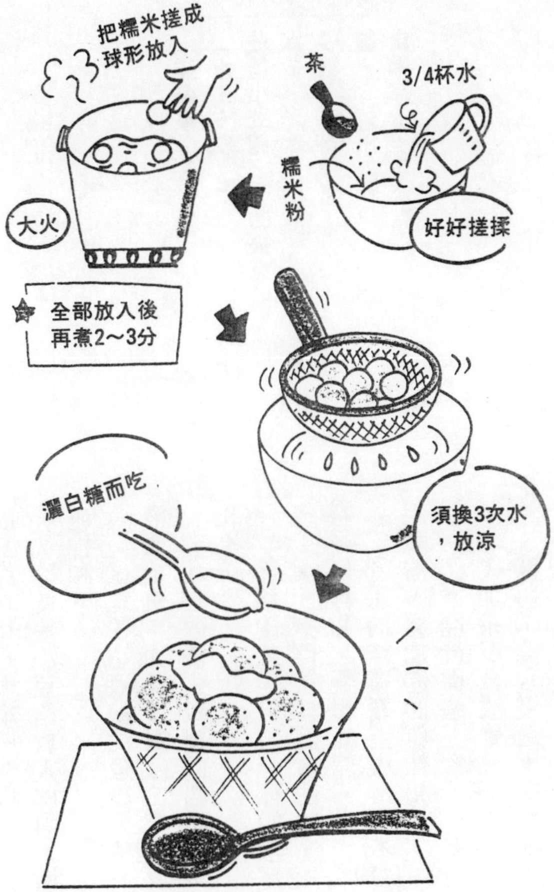

茶
3/4杯水
糯米粉
好好搓揉
把糯米搓成球形放入
大火
全部放入後再煮2～3分
須換3次水，放涼
灑白糖而吃

# 羊羹

▶作法要訣　雖然費時費事，但還是要做得仔細、柔美。

**材料（4人份）**

洋菜棒……½枝
水……300cc
乾粉小豆餡……60公克
水……⅓杯
砂糖……150公克
鹽……¼小匙
食用茶……5公克

## ●作法

①洋菜棒要洗淨、絞緊後撕成碎片，以三百cc的水蒸一小時。

②乾粉小豆餡放入碗中，加滿開水輕輕拌和。

③乾粉小豆餡沈澱後，將上面澄清的液體捨棄。如此反覆做二～三次。

④把③澆入絞緊的棉布，再次絞緊瀝乾水份。

⑤鍋中放三分之一杯的水、砂糖及鹽後上火，煮開後使其有甜味，然後加④的料好好拌和，慢慢煮開。

⑥①的洋菜要上火，但不要混了其他料煮溶，再加⑤的料拌和。

⑦煮開後從爐上拿下來完全放涼。涼了之後加茶混合放置。

⑧將⑦澆入浸過水的盤子放涼。

## 茶和點心最高超的傑作。值得推薦。

・乾粉小豆餡
加入開水混合
用棉布包起來絞緊
捨棄澄清的液體，須重複做2～3次
放進料
1/3的水
砂糖
鹽
慢慢煮
茶
放涼後加茶
完全放涼

・洋菜棒
撕成碎片
300CC
約蒸1小時
不混和其他材料煮溶
加料混合

澆入盤中
放涼凝固

# 大學芋

▶作法要訣　放入含茶的美味佐料拌和山芋。手製的美味務必嚐試。

**材料（4人份）**

山芋……中等1個
砂糖……2大匙
醬油……1大匙
甜酒……1小匙
太白粉……½小匙
食用茶……2公克

●作法

①山芋要洗淨，隨意切成十三～十五個左右，並泡於水中十分鐘。

②鍋裡放入砂糖、醬油、一大匙水、甜酒，並以同量的水泡太白粉一起攪拌，煮開後關火。

③以中火加熱油，至一二〇度左右放進擦乾水份的山芋入鍋炸，時間為十一～十二分鐘慢慢炸。待山芋切口呈鮮艷黃色，且有膨脹感為止，再起鍋放涼。

④以小火煮②的佐料並加入茶、放涼的山芋，再把鍋抬起上下搖晃使鍋裡東西全部混合。

## 在茶葉佐料下一點功夫，可炸出美味來。

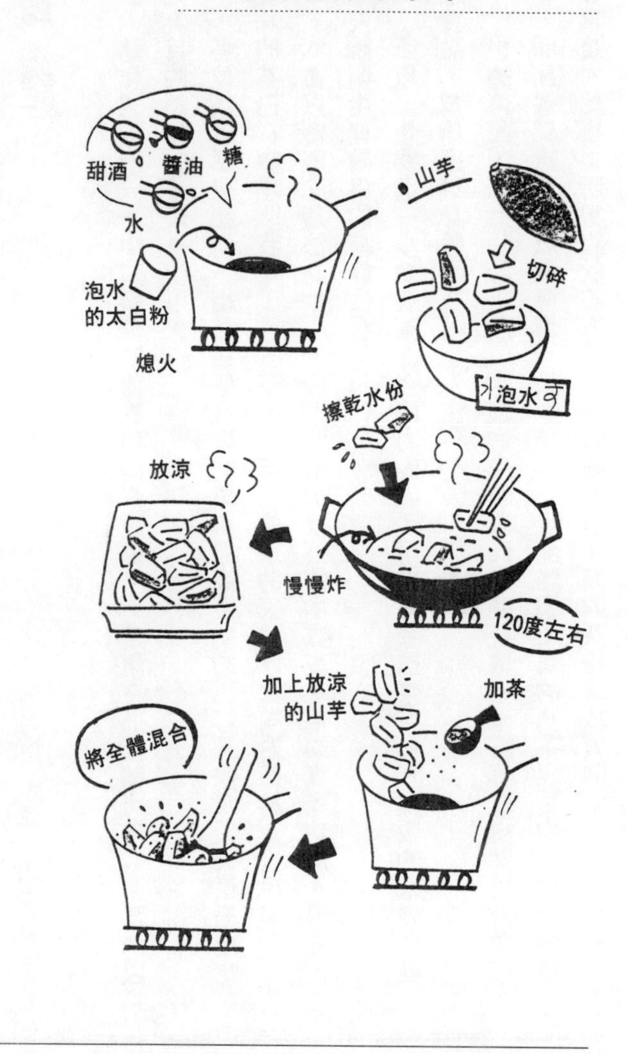

# 後記

聽和式、西式、中式料理師傅異口同聲說道：「茶用在那裡都可以」。及「以吃為目的製作的茶最易使用。」

各位讀者感覺如何？相信每個家庭的菜單必添上新的色彩。像我天天快樂地吃美味的茶已有數年。我吃了許多茶。一年吃的茶約三公斤，喝的茶約七公斤。

本書以實際吃茶法為中心，所以並沒提及茶的本質或吃茶的實際功能。另外，也沒說明生理效果的來龍去脈。

所以，想要進一步知道茶綜合能力的人，可參考我監修NHK出版的系列「健康食品，為什麼對身體好？」——綠茶、吃、喝。

根據傳說，四七〇〇年前，中國古代神農氏走遍各地，確認草或樹葉可否做藥草，而凡遇到毒草就以茶解毒。又一二〇〇年前陸羽所寫的《茶經》中就曾記載神農事蹟。此事中所記錄飲茶方式，是將細碎以布篩的茶粉末放入開水中，連粉末一塊兒喝。此外，日本榮西禪師大約在八〇〇年前寫過《喫茶養生記》其中記載，將茶葉獻給大將軍源實朝，而治好二日的宿醉。榮西推廣的是抹茶，可見茶要當藥吃，不是泡來喝，把粉末連同開水飲入。這功能與吃茶方式一樣。把古時吃的茶在今天發揚光大。本書應是了不起的吃茶提案者。

最後感謝一些烹調高手及提供建言的本校歷屆畢業生、研究室的三田村教授、鈴木實驗助手及擔任本書企畫、編輯工作的リョン社吉際、水井兩氏。

# 大展出版社有限公司 圖書目錄

地址：台北市北投區11204
致遠一路二段12巷1號
郵撥： 0166955～1
電話：(02) 8236031
8236033
傳眞：(02) 8272069


## •法律專欄連載•電腦編號58

台大法學院 法律學系／策劃
法律服務社／編著

①別讓您的權利睡著了[1] 200元
②別讓您的權利睡著了[2] 200元

## •秘傳占卜系列•電腦編號14

①手相術 淺野八郎著 150元
②人相術 淺野八郎著 150元
③西洋占星術 淺野八郎著 150元
④中國神奇占卜 淺野八郎著 150元
⑤夢判斷 淺野八郎著 150元
⑥前世、來世占卜 淺野八郎著 150元
⑦法國式血型學 淺野八郎著 150元
⑧靈感、符咒學 淺野八郎著 150元

## •趣味心理講座•電腦編號15

①性格測驗1 探索男與女 淺野八郎著 140元
②性格測驗2 透視人心奧秘 淺野八郎著 140元
③性格測驗3 發現陌生的自己 淺野八郎著 140元
④性格測驗4 發現你的真面目 淺野八郎著 140元
⑤性格測驗5 讓你們吃驚 淺野八郎著 140元
⑥性格測驗6 洞穿心理盲點 淺野八郎著 140元
⑦性格測驗7 探索對方心理 淺野八郎著 140元
⑧性格測驗8 由吃認識自己 淺野八郎著 140元
⑨性格測驗9 戀愛知多少 淺野八郎著 140元
⑩性格測驗10 由裝扮瞭解人心 淺野八郎著 140元
⑪性格測驗11 敲開內心玄機 淺野八郎著 140元
⑫性格測驗12 透視你的未來 淺野八郎著 140元
⑬血型與你的一生 淺野八郎著 140元

| | | |
|---|---|---|
| ⑭趣味推理遊戲 | 淺野八郎著 | 140元 |

## ・婦幼天地・電腦編號16

| | | |
|---|---|---|
| ①八萬人減肥成果 | 黃靜香譯 | 150元 |
| ②三分鐘減肥體操 | 楊鴻儒譯 | 130元 |
| ③窈窕淑女美髮秘訣 | 柯素娥譯 | 130元 |
| ④使妳更迷人 | 成　玉譯 | 130元 |
| ⑤女性的更年期 | 官舒妍編譯 | 130元 |
| ⑥胎內育兒法 | 李玉瓊編譯 | 120元 |
| ⑦早產兒袋鼠式護理 | 唐岱蘭譯 | 200元 |
| ⑧初次懷孕與生產 | 婦幼天地編譯組 | 180元 |
| ⑨初次育兒12個月 | 婦幼天地編譯組 | 180元 |
| ⑩斷乳食與幼兒食 | 婦幼天地編譯組 | 180元 |
| ⑪培養幼兒能力與性向 | 婦幼天地編譯組 | 180元 |
| ⑫培養幼兒創造力的玩具與遊戲 | 婦幼天地編譯組 | 180元 |
| ⑬幼兒的症狀與疾病 | 婦幼天地編譯組 | 180元 |
| ⑭腿部苗條健美法 | 婦幼天地編譯組 | 150元 |
| ⑮女性腰痛別忽視 | 婦幼天地編譯組 | 150元 |
| ⑯舒展身心體操術 | 李玉瓊編譯 | 130元 |
| ⑰三分鐘臉部體操 | 趙薇妮著 | 120元 |
| ⑱生動的笑容表情術 | 趙薇妮著 | 120元 |
| ⑲心曠神怡減肥法 | 川津祐介著 | 130元 |
| ⑳內衣使妳更美麗 | 陳玄茹譯 | 130元 |
| ㉑瑜伽美姿美容 | 黃靜香編著 | 150元 |
| ㉒高雅女性裝扮學 | 陳珮玲譯 | 180元 |
| ㉓蠶糞肌膚美顏法 | 坂梨秀子著 | 160元 |
| ㉔認識妳的身體 | 李玉瓊譯 | 160元 |

## ・青春天地・電腦編號17

| | | |
|---|---|---|
| ①A血型與星座 | 柯素娥編譯 | 120元 |
| ②B血型與星座 | 柯素娥編譯 | 120元 |
| ③O血型與星座 | 柯素娥編譯 | 120元 |
| ④AB血型與星座 | 柯素娥編譯 | 120元 |
| ⑤青春期性教室 | 呂貴嵐編譯 | 130元 |
| ⑥事半功倍讀書法 | 王毅希編譯 | 130元 |
| ⑦難解數學破題 | 宋釗宜編譯 | 130元 |
| ⑧速算解題技巧 | 宋釗宜編譯 | 130元 |
| ⑨小論文寫作秘訣 | 林顯茂編譯 | 120元 |
| ⑩視力恢復！超速讀術 | 江錦雲譯 | 130元 |

| | | |
|---|---|---|
| ⑪中學生野外遊戲 | 熊谷康編著 | 120元 |
| ⑫恐怖極短篇 | 柯素娥編譯 | 130元 |
| ⑬恐怖夜話 | 小毛驢編譯 | 130元 |
| ⑭恐怖幽默短篇 | 小毛驢編譯 | 120元 |
| ⑮黑色幽默短篇 | 小毛驢編譯 | 120元 |
| ⑯靈異怪談 | 小毛驢編譯 | 130元 |
| ⑰錯覺遊戲 | 小毛驢編譯 | 130元 |
| ⑱整人遊戲 | 小毛驢編譯 | 120元 |
| ⑲有趣的超常識 | 柯素娥編譯 | 130元 |
| ⑳哦！原來如此 | 林慶旺編譯 | 130元 |
| ㉑趣味競賽100種 | 劉名揚編譯 | 120元 |
| ㉒數學謎題入門 | 宋釗宜編譯 | 150元 |
| ㉓數學謎題解析 | 宋釗宜編譯 | 150元 |
| ㉔透視男女心理 | 林慶旺編譯 | 120元 |
| ㉕少女情懷的自白 | 李桂蘭編譯 | 120元 |
| ㉖由兄弟姊妹看命運 | 李玉瓊編譯 | 130元 |
| ㉗趣味的科學魔術 | 林慶旺編譯 | 150元 |
| ㉘趣味的心理實驗室 | 李燕玲編譯 | 150元 |
| ㉙愛與性心理測驗 | 小毛驢編譯 | 130元 |
| ㉚刑案推理解謎 | 小毛驢編譯 | 130元 |
| ㉛偵探常識推理 | 小毛驢編譯 | 130元 |
| ㉜偵探常識解謎 | 小毛驢編譯 | 130元 |
| ㉝偵探推理遊戲 | 小毛驢編譯 | 130元 |
| ㉞趣味的超魔術 | 廖玉山編著 | 150元 |
| ㉟趣味的珍奇發明 | 柯素娥編著 | 150元 |

## •健 康 天 地•電腦編號 18

| | | |
|---|---|---|
| ①壓力的預防與治療 | 柯素娥編譯 | 130元 |
| ②超科學氣的魔力 | 柯素娥編譯 | 130元 |
| ③尿療法治病的神奇 | 中尾良一著 | 130元 |
| ④鐵證如山的尿療法奇蹟 | 廖玉山譯 | 120元 |
| ⑤一日斷食健康法 | 葉慈容編譯 | 120元 |
| ⑥胃部強健法 | 陳炳崑譯 | 120元 |
| ⑦癌症早期檢查法 | 廖松濤譯 | 130元 |
| ⑧老人痴呆症防止法 | 柯素娥編譯 | 130元 |
| ⑨松葉汁健康飲料 | 陳麗芬編譯 | 130元 |
| ⑩揉肚臍健康法 | 永井秋夫著 | 150元 |
| ⑪過勞死、猝死的預防 | 卓秀貞編譯 | 130元 |
| ⑫高血壓治療與飲食 | 藤山順豐著 | 150元 |
| ⑬老人看護指南 | 柯素娥編譯 | 150元 |

⑭美容外科淺談　楊啟宏著　150元
⑮美容外科新境界　楊啟宏著　150元
⑯鹽是天然的醫生　西英司郎著　140元
⑰年輕十歲不是夢　梁瑞麟譯　200元
⑱茶料理治百病　桑野和民著　180元
⑲綠茶治病寶典　桑野和民著　150元
⑳杜仲茶養顏減肥法　西田博著　150元
㉑蜂膠驚人療效　瀨長良三郎著　160元
㉒蜂膠治百病　瀨長良三郎著　元

## •實用女性學講座• 電腦編號 19

①解讀女性內心世界　島田一男著　150元
②塑造成熟的女性　島田一男著　150元

## •校 園 系 列• 電腦編號 20

①讀書集中術　多湖輝著　150元
②應考的訣竅　多湖輝著　150元
③輕鬆讀書贏得聯考　多湖輝著　150元
④讀書記憶秘訣　多湖輝著　150元

## •實用心理學講座• 電腦編號 21

①拆穿欺騙伎倆　多湖輝著　140元
②創造好構想　多湖輝著　140元
③面對面心理術　多湖輝著　140元
④偽裝心理術　多湖輝著　140元
⑤透視人性弱點　多湖輝著　140元
⑥自我表現術　多湖輝著　150元
⑦不可思議的人性心理　多湖輝著　150元
⑧催眠術入門　多湖輝著　150元
⑨責罵部屬的藝術　多湖輝著　150元
⑩精神力　多湖輝著　150元
⑪厚黑說服術　多湖輝著　150元
⑫集中力　多湖輝著　150元

## •超現實心理講座• 電腦編號 22

①超意識覺醒法　詹蔚芬編譯　130元
②護摩秘法與人生　劉名揚編譯　130元

| | | |
|---|---|---|
| ③秘法！超級仙術入門 | 陸　明譯 | 150元 |
| ④給地球人的訊息 | 柯素娥編著 | 150元 |
| ⑤密教的神通力 | 劉名揚編著 | 130元 |
| ⑥神秘奇妙的世界 | 平川陽一著 | 180元 |

## •養 生 保 健• 電腦編號 23

| | | |
|---|---|---|
| ①醫療養生氣功 | 黃孝寬著 | 250元 |
| ②中國氣功圖譜 | 余功保著 | 230元 |
| ③少林醫療氣功精粹 | 井玉蘭著 | 250元 |
| ④龍形實用氣功 | 吳大才等著 | 220元 |
| ⑤魚戲增視強身氣功 | 宮　嬰著 | 220元 |
| ⑥嚴新氣功 | 前新培金著 | 250元 |
| ⑦道家玄牝氣功 | 張　章著 | 元 |
| ⑧仙家秘傳袪病功 | 李遠國著 | 元 |

## •心 靈 雅 集• 電腦編號 00

| | | |
|---|---|---|
| ①禪言佛語看人生 | 松濤弘道著 | 180元 |
| ②禪密教的奧秘 | 葉逯謙譯 | 120元 |
| ③觀音大法力 | 田口日勝著 | 120元 |
| ④觀音法力的大功德 | 田口日勝著 | 120元 |
| ⑤達摩禪106智慧 | 劉華亭編譯 | 150元 |
| ⑥有趣的佛教研究 | 葉逯謙編譯 | 120元 |
| ⑦夢的開運法 | 蕭京凌譯 | 130元 |
| ⑧禪學智慧 | 柯素娥編譯 | 130元 |
| ⑨女性佛教入門 | 許俐萍譯 | 110元 |
| ⑩佛像小百科 | 心靈雅集編譯組 | 130元 |
| ⑪佛教小百科趣談 | 心靈雅集編譯組 | 120元 |
| ⑫佛教小百科漫談 | 心靈雅集編譯組 | 150元 |
| ⑬佛教知識小百科 | 心靈雅集編譯組 | 150元 |
| ⑭佛學名言智慧 | 松濤弘道著 | 180元 |
| ⑮釋迦名言智慧 | 松濤弘道著 | 180元 |
| ⑯活人禪 | 平田精耕著 | 120元 |
| ⑰坐禪入門 | 柯素娥編譯 | 120元 |
| ⑱現代禪悟 | 柯素娥編譯 | 130元 |
| ⑲道元禪師語錄 | 心靈雅集編譯組 | 130元 |
| ⑳佛學經典指南 | 心靈雅集編譯組 | 130元 |
| ㉑何謂「生」　阿含經 | 心靈雅集編譯組 | 150元 |
| ㉒一切皆空　般若心經 | 心靈雅集編譯組 | 150元 |
| ㉓超越迷惘　法句經 | 心靈雅集編譯組 | 130元 |

| | | |
|---|---|---|
| ㉔開拓宇宙觀　華嚴經 | 心靈雅集編譯組 | 130元 |
| ㉕真實之道　法華經 | 心靈雅集編譯組 | 130元 |
| ㉖自由自在　涅槃經 | 心靈雅集編譯組 | 130元 |
| ㉗沈默的教示　維摩經 | 心靈雅集編譯組 | 150元 |
| ㉘開通心眼　佛語佛戒 | 心靈雅集編譯組 | 130元 |
| ㉙揭秘寶庫　密教經典 | 心靈雅集編譯組 | 130元 |
| ㉚坐禪與養生 | 廖松濤譯 | 110元 |
| ㉛釋尊十戒 | 柯素娥編譯 | 120元 |
| ㉜佛法與神通 | 劉欣如編著 | 120元 |
| ㉝悟（正法眼藏的世界） | 柯素娥編譯 | 120元 |
| ㉞只管打坐 | 劉欣如編譯 | 120元 |
| ㉟喬答摩・佛陀傳 | 劉欣如編著 | 120元 |
| ㊱唐玄奘留學記 | 劉欣如編譯 | 120元 |
| ㊲佛教的人生觀 | 劉欣如編譯 | 110元 |
| ㊳無門關（上卷） | 心靈雅集編譯組 | 150元 |
| ㊴無門關（下卷） | 心靈雅集編譯組 | 150元 |
| ㊵業的思想 | 劉欣如編著 | 130元 |
| ㊶佛法難學嗎 | 劉欣如著 | 140元 |
| ㊷佛法實用嗎 | 劉欣如著 | 140元 |
| ㊸佛法殊勝嗎 | 劉欣如著 | 140元 |
| ㊹因果報應法則 | 李常傳編 | 140元 |
| ㊺佛教醫學的奧秘 | 劉欣如編著 | 150元 |
| ㊻紅塵絕唱 | 海　若著 | 130元 |
| ㊼佛教生活風情 | 洪丕謨、姜玉珍著 | 220元 |
| ㊽行住坐臥有佛法 | 劉欣如著 | 160元 |
| ㊾起心動念是佛法 | 劉欣如著 | 160元 |

## ・經　營　管　理・電腦編號 01

| | | |
|---|---|---|
| ◎創新經營管理六十六大計（精） | 蔡弘文編 | 780元 |
| ①如何獲取生意情報 | 蘇燕謀譯 | 110元 |
| ②經濟常識問答 | 蘇燕謀譯 | 130元 |
| ③股票致富68秘訣 | 簡文祥譯 | 100元 |
| ④台灣商戰風雲錄 | 陳中雄著 | 120元 |
| ⑤推銷大王秘錄 | 原一平著 | 100元 |
| ⑥新創意・賺大錢 | 王家成譯 | 90元 |
| ⑦工廠管理新手法 | 琪　輝著 | 120元 |
| ⑧奇蹟推銷術 | 蘇燕謀譯 | 100元 |
| ⑨經營參謀 | 柯順隆譯 | 120元 |
| ⑩美國實業24小時 | 柯順隆譯 | 80元 |
| ⑪撼動人心的推銷法 | 原一平著 | 120元 |

| | | |
|---|---|---|
| ⑫高竿經營法 | 蔡弘文編 | 120元 |
| ⑬如何掌握顧客 | 柯順隆譯 | 150元 |
| ⑭一等一賺錢策略 | 蔡弘文編 | 120元 |
| ⑯成功經營妙方 | 鐘文訓著 | 120元 |
| ⑰一流的管理 | 蔡弘文編 | 150元 |
| ⑱外國人看中韓經濟 | 劉華亭譯 | 150元 |
| ⑲企業不良幹部群相 | 琪輝編著 | 120元 |
| ⑳突破商場人際學 | 林振輝編著 | 90元 |
| ㉑無中生有術 | 琪輝編著 | 140元 |
| ㉒如何使女人打開錢包 | 林振輝編著 | 100元 |
| ㉓操縱上司術 | 邑井操著 | 90元 |
| ㉔小公司經營策略 | 王嘉誠著 | 100元 |
| ㉕成功的會議技巧 | 鐘文訓編譯 | 100元 |
| ㉖新時代老闆學 | 黃柏松編著 | 100元 |
| ㉗如何創造商場智囊團 | 林振輝編譯 | 150元 |
| ㉘十分鐘推銷術 | 林振輝編譯 | 120元 |
| ㉙五分鐘育才 | 黃柏松編譯 | 100元 |
| ㉚成功商場戰術 | 陸明編譯 | 100元 |
| ㉛商場談話技巧 | 劉華亭編譯 | 120元 |
| ㉜企業帝王學 | 鐘文訓譯 | 90元 |
| ㉝自我經濟學 | 廖松濤編譯 | 100元 |
| ㉞一流的經營 | 陶田生編著 | 120元 |
| ㉟女性職員管理術 | 王昭國編譯 | 120元 |
| ㊱ＩＢＭ的人事管理 | 鐘文訓編譯 | 150元 |
| ㊲現代電腦常識 | 王昭國編譯 | 150元 |
| ㊳電腦管理的危機 | 鐘文訓編譯 | 120元 |
| ㊴如何發揮廣告效果 | 王昭國編譯 | 150元 |
| ㊵最新管理技巧 | 王昭國編譯 | 150元 |
| ㊶一流推銷術 | 廖松濤編譯 | 120元 |
| ㊷包裝與促銷技巧 | 王昭國編譯 | 130元 |
| ㊸企業王國指揮塔 | 松下幸之助著 | 120元 |
| ㊹企業精銳兵團 | 松下幸之助著 | 120元 |
| ㊺企業人事管理 | 松下幸之助著 | 100元 |
| ㊻華僑經商致富術 | 廖松濤編譯 | 130元 |
| ㊼豐田式銷售技巧 | 廖松濤編譯 | 120元 |
| ㊽如何掌握銷售技巧 | 王昭國編著 | 130元 |
| ㊿洞燭機先的經營 | 鐘文訓編譯 | 150元 |
| 52新世紀的服務業 | 鐘文訓編譯 | 100元 |
| 53成功的領導者 | 廖松濤編譯 | 120元 |
| 54女推銷員成功術 | 李玉瓊編譯 | 130元 |
| 55ＩＢＭ人才培育術 | 鐘文訓編譯 | 100元 |

| | | |
|---|---|---|
| ㊻企業人自我突破法 | 黃琪輝編著 | 150元 |
| ㊽財富開發術 | 蔡弘文編著 | 130元 |
| ㊾成功的店舖設計 | 鐘文訓編著 | 150元 |
| ㊿企管回春法 | 蔡弘文編著 | 130元 |
| 62小企業經營指南 | 鐘文訓編譯 | 100元 |
| 63商場致勝名言 | 鐘文訓編譯 | 150元 |
| 64迎接商業新時代 | 廖松濤編譯 | 100元 |
| 66新手股票投資入門 | 何朝乾 編 | 180元 |
| 67上揚股與下跌股 | 何朝乾編譯 | 180元 |
| 68股票速成學 | 何朝乾編譯 | 180元 |
| 69理財與股票投資策略 | 黃俊豪編著 | 180元 |
| 70黃金投資策略 | 黃俊豪編著 | 180元 |
| 71厚黑管理學 | 廖松濤編譯 | 180元 |
| 72股市致勝格言 | 呂梅莎編譯 | 180元 |
| 73透視西武集團 | 林谷燁編譯 | 150元 |
| 76巡迴行銷術 | 陳蒼杰譯 | 150元 |
| 77推銷的魔術 | 王嘉誠譯 | 120元 |
| 7860秒指導部屬 | 周蓮芬編譯 | 150元 |
| 79精銳女推銷員特訓 | 李玉瓊編譯 | 130元 |
| 80企劃、提案、報告圖表的技巧 | 鄭 汶 譯 | 180元 |
| 81海外不動產投資 | 許達守編譯 | 150元 |
| 82八百伴的世界策略 | 李玉瓊譯 | 150元 |
| 83服務業品質管理 | 吳宜芬譯 | 180元 |
| 84零庫存銷售 | 黃東謙編譯 | 150元 |
| 85三分鐘推銷管理 | 劉名揚編譯 | 150元 |
| 86推銷大王奮鬥史 | 原一平著 | 150元 |
| 87豐田汽車的生產管理 | 林谷燁編譯 | 150元 |

## •成功寶庫•電腦編號 02

| | | |
|---|---|---|
| ①上班族交際術 | 江森滋著 | 100元 |
| ②拍馬屁訣竅 | 廖玉山編譯 | 110元 |
| ④聽話的藝術 | 歐陽輝編譯 | 110元 |
| ⑨求職轉業成功術 | 陳 義編著 | 110元 |
| ⑩上班族禮儀 | 廖玉山編著 | 120元 |
| ⑪接近心理學 | 李玉瓊編著 | 100元 |
| ⑫創造自信的新人生 | 廖松濤編著 | 120元 |
| ⑭上班族如何出人頭地 | 廖松濤編著 | 100元 |
| ⑮神奇瞬間瞑想法 | 廖松濤編譯 | 100元 |
| ⑯人生成功之鑰 | 楊意苓編著 | 150元 |
| ⑱潛在心理術 | 多湖輝 著 | 100元 |

| | | |
|---|---|---|
| ⑲給企業人的諍言 | 鐘文訓編著 | 120元 |
| ⑳企業家自律訓練法 | 陳　義編譯 | 100元 |
| ㉑上班族妖怪學 | 廖松濤編著 | 100元 |
| ㉒猶太人縱橫世界的奇蹟 | 孟佑政編著 | 110元 |
| ㉓訪問推銷術 | 黃静香編著 | 130元 |
| ㉕你是上班族中強者 | 嚴思圖編著 | 100元 |
| ㉖向失敗挑戰 | 黃静香編著 | 100元 |
| ㉙機智應對術 | 李玉瓊編著 | 130元 |
| ㉚成功頓悟100則 | 蕭京凌編譯 | 130元 |
| ㉛掌握好運100則 | 蕭京凌編譯 | 110元 |
| ㉜知性幽默 | 李玉瓊編譯 | 130元 |
| ㉝熟記對方絕招 | 黃静香編譯 | 100元 |
| ㉞男性成功秘訣 | 陳蒼杰編譯 | 130元 |
| ㊱業務員成功秘方 | 李玉瓊編著 | 120元 |
| ㊲察言觀色的技巧 | 劉華亭編著 | 130元 |
| ㊳一流領導力 | 施義彥編譯 | 120元 |
| ㊴一流說服力 | 李玉瓊編著 | 130元 |
| ㊵30秒鐘推銷術 | 廖松濤編譯 | 120元 |
| ㊶猶太成功商法 | 周蓮芬編譯 | 120元 |
| ㊷尖端時代行銷策略 | 陳蒼杰編著 | 100元 |
| ㊸顧客管理學 | 廖松濤編著 | 100元 |
| ㊹如何使對方說Yes | 程　義編著 | 150元 |
| ㊺如何提高工作效率 | 劉華亭編著 | 150元 |
| ㊼上班族口才學 | 楊鴻儒譯 | 120元 |
| ㊽上班族新鮮人須知 | 程　義編著 | 120元 |
| ㊾如何左右逢源 | 程　義編著 | 130元 |
| ㊿語言的心理戰 | 多湖輝著 | 130元 |
| (51)扣人心弦演說術 | 劉名揚編著 | 120元 |
| (53)如何增進記憶力、集中力 | 廖松濤譯 | 130元 |
| (55)性惡企業管理學 | 陳蒼杰譯 | 130元 |
| (56)自我啟發200招 | 楊鴻儒編著 | 150元 |
| (57)做個傑出女職員 | 劉名揚編著 | 130元 |
| (58)靈活的集團營運術 | 楊鴻儒編著 | 120元 |
| (60)個案研究活用法 | 楊鴻儒編著 | 130元 |
| (61)企業教育訓練遊戲 | 楊鴻儒編著 | 120元 |
| (62)管理者的智慧 | 程　義編譯 | 130元 |
| (63)做個佼佼管理者 | 馬筱莉編譯 | 130元 |
| (64)智慧型說話技巧 | 沈永嘉編譯 | 130元 |
| (66)活用佛學於經營 | 松濤弘道著 | 150元 |
| (67)活用禪學於企業 | 柯素娥編譯 | 130元 |
| (68)詭辯的智慧 | 沈永嘉編譯 | 130元 |

| | | |
|---|---|---|
| ⑲幽默詭辯術 | 廖玉山編譯 | 130元 |
| ⑳拿破崙智慧箴言 | 柯素娥編譯 | 130元 |
| ㉑自我培育・超越 | 蕭京凌編譯 | 150元 |
| ㉒深層心理術 | 多湖輝著 | 130元 |
| ㉓深層語言術 | 多湖輝著 | 130元 |
| ㉔時間即一切 | 沈永嘉編譯 | 130元 |
| ㉕自我脫胎換骨 | 柯素娥譯 | 150元 |
| ㉖贏在起跑點—人才培育鐵則 | 楊鴻儒編譯 | 150元 |
| ㉗做一枚活棋 | 李玉瓊編譯 | 130元 |
| ㉘面試成功戰略 | 柯素娥編譯 | 130元 |
| ㉙自我介紹與社交禮儀 | 柯素娥編譯 | 150元 |
| ㉚說NO的技巧 | 廖玉山編譯 | 130元 |
| ㉛瞬間攻破心防法 | 廖玉山編譯 | 120元 |
| ㉜改變一生的名言 | 李玉瓊編譯 | 130元 |
| ㉝性格性向創前程 | 楊鴻儒編譯 | 130元 |
| ㉞訪問行銷新竅門 | 廖玉山編譯 | 150元 |
| ㉟無所不達的推銷話術 | 李玉瓊編譯 | 150元 |

## ・處 世 智 慧・電腦編號03

| | | |
|---|---|---|
| ①如何改變你自己 | 陸明編譯 | 120元 |
| ②人性心理陷阱 | 多湖輝著 | 90元 |
| ④幽默說話術 | 林振輝編譯 | 120元 |
| ⑤讀書36計 | 黃柏松編譯 | 120元 |
| ⑥靈感成功術 | 譚繼山編譯 | 80元 |
| ⑧扭轉一生的五分鐘 | 黃柏松編譯 | 100元 |
| ⑨知人、知面、知其心 | 林振輝譯 | 110元 |
| ⑩現代人的詭計 | 林振輝譯 | 100元 |
| ⑫如何利用你的時間 | 蘇遠謀譯 | 80元 |
| ⑬口才必勝術 | 黃柏松編譯 | 120元 |
| ⑭女性的智慧 | 譚繼山編譯 | 90元 |
| ⑮如何突破孤獨 | 張文志編譯 | 80元 |
| ⑯人生的體驗 | 陸明編譯 | 80元 |
| ⑰微笑社交術 | 張芳明譯 | 90元 |
| ⑱幽默吹牛術 | 金子登著 | 90元 |
| ⑲攻心說服術 | 多湖輝著 | 100元 |
| ⑳當機立斷 | 陸明編譯 | 70元 |
| ㉑勝利者的戰略 | 宋恩臨編譯 | 80元 |
| ㉒如何交朋友 | 安紀芳編著 | 70元 |
| ㉓鬥智奇謀（諸葛孔明兵法） | 陳炳崑著 | 70元 |
| ㉔慧心良言 | 亦　奇著 | 80元 |

| | | |
|---|---|---|
| ㉕名家慧語 | 蔡逸鴻主編 | 90元 |
| ㉗稱霸者啟示金言 | 黃柏松編譯 | 90元 |
| ㉘如何發揮你的潛能 | 陸明編譯 | 90元 |
| ㉙女人身態語言學 | 李常傳譯 | 130元 |
| ㉚摸透女人心 | 張文志譯 | 90元 |
| ㉛現代戀愛秘訣 | 王家成譯 | 70元 |
| ㉜給女人的悄悄話 | 妮倩編譯 | 90元 |
| ㉞如何開拓快樂人生 | 陸明編譯 | 90元 |
| ㉟驚人時間活用法 | 鐘文訓譯 | 80元 |
| ㊱成功的捷徑 | 鐘文訓譯 | 70元 |
| ㊲幽默逗笑術 | 林振輝著 | 120元 |
| ㊳活用血型讀書法 | 陳炳崑譯 | 80元 |
| ㊴心　燈 | 葉于模著 | 100元 |
| ㊵當心受騙 | 林顯茂譯 | 90元 |
| ㊶心・體・命運 | 蘇燕謀譯 | 70元 |
| ㊷如何使頭腦更敏銳 | 陸明編譯 | 70元 |
| ㊸宮本武藏五輪書金言錄 | 宮本武藏著 | 100元 |
| ㊺勇者的智慧 | 黃柏松編譯 | 80元 |
| ㊼成熟的愛 | 林振輝譯 | 120元 |
| ㊽現代女性駕馭術 | 蔡德華著 | 90元 |
| ㊾禁忌遊戲 | 酒井潔著 | 90元 |
| 52摸透男人心 | 劉華亭編譯 | 80元 |
| 53如何達成願望 | 謝世輝著 | 90元 |
| 54創造奇蹟的「想念法」 | 謝世輝著 | 90元 |
| 55創造成功奇蹟 | 謝世輝著 | 90元 |
| 56男女幽默趣典 | 劉華亭譯 | 90元 |
| 57幻想與成功 | 廖松濤譯 | 80元 |
| 58反派角色的啟示 | 廖松濤編譯 | 70元 |
| 59現代女性須知 | 劉華亭編著 | 75元 |
| 61機智說話術 | 劉華亭編譯 | 100元 |
| 62如何突破內向 | 姜倩怡編譯 | 110元 |
| 64讀心術入門 | 王家成編譯 | 100元 |
| 65如何解除內心壓力 | 林美羽編著 | 110元 |
| 66取信於人的技巧 | 多湖輝著 | 110元 |
| 67如何培養堅強的自我 | 林美羽編著 | 90元 |
| 68自我能力的開拓 | 卓一凡編著 | 110元 |
| 70縱橫交涉術 | 嚴思圖編著 | 90元 |
| 71如何培養妳的魅力 | 劉文珊編著 | 90元 |
| 72魅力的力量 | 姜倩怡編著 | 90元 |
| 73金錢心理學 | 多湖輝著 | 100元 |
| 74語言的圈套 | 多湖輝著 | 110元 |

⑮個性膽怯者的成功術 廖松濤編譯 100元
⑯人性的光輝 文可式編著 90元
⑱驚人的速讀術 鐘文訓編譯 90元
⑲培養靈敏頭腦秘訣 廖玉山編著 90元
⑳夜晚心理術 鄭秀美編譯 80元
㉑如何做個成熟的女性 李玉瓊編著 80元
㉒現代女性成功術 劉文珊編著 90元
㉓成功說話技巧 梁惠珠編譯 100元
㉔人生的真諦 鐘文訓編譯 100元
㉕妳是人見人愛的女孩 廖松濤編著 120元
㉗指尖・頭腦體操 蕭京凌編譯 90元
㉘電話應對禮儀 蕭京凌編著 90元
㉙自我表現的威力 廖松濤編譯 100元
㉚名人名語啟示錄 喬家楓編著 100元
㉛男與女的哲思 程鐘梅編譯 110元
㉜靈思慧語 牧 風著 110元
㉝心靈夜語 牧 風著 100元
㉞激盪腦力訓練 廖松濤編譯 100元
㉟三分鐘頭腦活性法 廖玉山編譯 110元
㊱星期一的智慧 廖玉山編譯 100元
㊲溝通說服術 賴文琇編譯 100元
㊳超速讀超記憶法 廖松濤編譯 120元

## ・健康與美容・電腦編號04

①B型肝炎預防與治療 曾慧琪譯 130元
③媚酒傳(中國王朝秘酒) 陸明主編 120元
④藥酒與健康果菜汁 成玉主編 150元
⑤中國回春健康術 蔡一藩著 100元
⑥奇蹟的斷食療法 蘇燕謀譯 110元
⑧健美食物法 陳炳崑譯 120元
⑨驚異的漢方療法 唐龍編著 90元
⑩不老強精食 唐龍編著 100元
⑪經脈美容法 月乃桂子著 90元
⑫五分鐘跳繩健身法 蘇明達譯 100元
⑬睡眠健康法 王家成譯 80元
⑭你就是名醫 張芳明譯 90元
⑮如何保護你的眼睛 蘇燕謀譯 70元
⑯自我指壓術 今井義晴著 120元
⑰室內身體鍛鍊法 陳炳崑譯 100元
⑲釋迦長壽健康法 譚繼山譯 90元

國立中央圖書館出版品預行編目資料

茶料理治百病／桑野和民著；沈永嘉譯
──初版──臺北市；大展，民83
面；　公分──（健康天地；18）
譯自：病気を治す茶食料法
ISBM 957-57-475-3（平裝）

1. 茶　2. 食譜　3. 健康法

427.41　　83010231



# 茶料理治百病

ISBN 957-557-475-3

原著者／桑野和民
編譯者／沈　永　嘉
發行人／蔡　森　明
出版者／大展出版社有限公司
社　址／台北市北投區（石牌）
致遠一路二段12巷1號
電　話／（02）8236031・8236033
傳　眞／（02）8272069
郵政劃撥／0166955－1
登記證／局版臺業字第2171號

法律顧問／劉　鈞　男　律師
承印者／高星企業有限公司
裝　訂／日新裝訂所
排版者／千賓電腦打字有限公司
電　話／（02）8836052
初　版／1994年（民83年）11月
定　價／180元

大展好書 好書大展

大展好書 好書大展